FORSCHUNGSBERICHTE
DES WIRTSCHAFTS- UND VERKEHRSMINISTERIUMS
NORDRHEIN-WESTFALEN

Herausgegeben von Ministerialdirektor Prof. Leo Brandt

Nr. 34

Textilforschungsanstalt Krefeld

Quellungs- und Entquellungsvorgänge bei Faserstoffen

Als Manuskript gedruckt

WESTDEUTSCHER VERLAG / KÖLN UND OPLADEN

1953

ISBN 978-3-663-04107-8   ISBN 978-3-663-05553-2 (eBook)
DOI 10.1007/978-3-663-05553-2

Forschungsberichte des Wirtschafts- und Verkehrsministeriums Nordrhein-Westfalen

Gliederung

Einleitung . . . . S. 5

I. Veränderung der Naßquellung nach wiederholter Trocknung . . . . S. 9

II. Veränderung der Naßquellung nach Trocknung unter verschiedenen relativen Luftfeuchtigkeiten . . . . S. 20

III. Veränderung der Trockenquellung nach wiederholter Trocknung . . . . S. 23

IV. Einfluß der Trocknungszeit auf das Quellvermögen . S. 25

V. Verschiedene Quellungs- und Trocknungsbedingungen S. 26

VI. Faserabbau . . . . S. 29

VII. Veränderung der Aufnahme von substantiven Farbstoffen nach Trocknungsprozessen . . . . S. 31

VIII. Veränderung der Farbstoffaufnahme nach Dämpfprozessen . . . . S. 39

Zusammenfassung . . . . S. 44

Forschungsberichte des Wirtschafts- und Verkehrsministeriums Nordrhein-Westfalen

Einleitung

Die Quellungsvorgänge bei Faserstoffen sind seit Jahrzehnten Gegenstand eingehender Forschung gewesen; fast um dieselbe Zeit haben OBERMILLER[1], URQUHART und WILLIAMS[2] und besonders vielseitig KATZ[3] die Grundlagen für die Bearbeitung dieser Fragen geliefert, und kurz danach haben wir[4] begonnen, die Anwendung auf die Probleme der regenerierten Cellulosefasern durchzuführen.

Sehr vielseitig hat dann HERMANS[5] weitergearbeitet. Wichtige Ergebnisse, die sich besonders auch für die Auswertung in der textilchemischen Praxis eignen, stammen schließlich von HUBERT, MATTHES und WEISBROD[6], MATTHES[7] sowie LAUER, BEZNER und DOBBERSTEIN[8].

Die letztgenannten Arbeiten sind deshalb von so großem praktischen Interesse, weil sie sich mit dem Verhalten der regenerierten Cellulosefasern bei wiederholter Quellung und Trocknung befassen und für die in der Reyonindustrie schon seit langem bekannte Tatsache, daß das Quellungsvermögen bei wiederholter Quellung und Trocknung abnimmt, auch eine theoretische Untermauerung geschaffen haben. Leider sind diese Arbeiten in der Textilindustrie wenig beachtet worden, trotzdem sie für Fragen der Trocknung äußerst wichtige Feststellungen enthalten.

HUBERT, MATTHES und WEISBROD bringen u.a. 2 Beobachtungen, die als besonders wesentlich zu betrachten sind:

    a) Das Quellungsvermögen regenerierter Cellulosefasern nimmt nach mehrfach wiederholter Quellung und Trocknung ab und nähert sich einem Endwert von etwa 50 %.

---

[1] Mell.Text.Ber. $\underline{6}$, 765 (1925); Z.angew.Ch. $\underline{39}$, 46 (1926)
[2] J.Text.Inst. $\underline{15}$, 138, 433, 559 (1924); $\underline{16}$, 155 (1925); $\underline{17}$, 38 (1926)
[3] Ergebnisse der exakten Naturwissenschaften III.Bd., S. 316 (1924); IV. Bd. S. 154 (1925)
[4] Mitt.Textilforsch.Anst.Krefeld I, 1 (1925); Mell.Text.Ber. $\underline{7}$, 1o34 (1926)
[5] Zahlreiche Arbeiten in der Kolloid-Zeitschrift
[6] Koll.Z. $\underline{98}$, 173 (1924)
[7] Koll.Z. $\underline{1o8}$, 79 (1944)
[8] Koll.Z. $\underline{1o7}$, 86, 93 (1944); $\underline{116}$, 28 (195o)

b) Diese Abnahme des Quellungsvermögens ist besonders stark bei Trocknung in einer Atmosphäre von hohem Sättigungsgrad des Wasserdampfes.

Bevor wir auf das Thema der vorliegenden Arbeit eingehen, sei an die starken Quellungsverminderungen erinnert, die im stark sauren Bereich beobachtet werden. Hierbei treten ganz ungewöhnlich große Quellungsverminderungen, allerdings unter starker Faserschädigung auf. Die ersten Beobachtungen stammen von SCHWALBE[1].

Wesentliche weitere Ergebnisse haben GÖTZE und REIFF[2] mitgeteilt, und ergänzende Beobachtungen, besonders bezüglich der Festigkeits- und Dehnungsveränderungen, haben neuerdings LAUER, BEZNER und DOBBERSTEIN[3] gemacht. Diese Arbeiten seien der Vollständigkeit halber erwähnt, jedoch gehören sie nicht in den Rahmen der hier zu diskutierenden Untersuchungen.

Da die Arbeiten von HUBERT, MATTHES und WEISBROD sowie von LAUER, BEZNER und DOBBERSTEIN aus der Viskoseindustrie stammen, gehen sie auf Fragen der Textilveredlung nur wenig ein. Die vorliegende Arbeit will deshalb die für die Textilindustrie wichtigen Zusammenhänge aufdecken.

Für die Verarbeitung und die Veredlung ist es von besonderem Interesse, die Quellwertsveränderungen und ihre Folgen für die Fasereigenschaften unter Bedingungen zu verfolgen, wie sie in der praktischen Behandlung vorkommen können. Hierher gehören einmal die Untersuchungen möglichst verschieden gearteter Fasern und weiterhin der etwaige Einfluß von Textilhilfsmitteln und anderen Chemikalien. Ferner sind aber der Sättigungsgrad der Trockenluft sowie der Temperatureinfluß und schließlich auch die Luft- und damit die Trocknungsgeschwindigkeiten zu berücksichtigen.

Man hat in der Textilindustrie, besonders im Zusammenhang mit neueren Hochveredlungsprozessen, wie z.B. dem Knitterechtmachen, die besondere Bedeutung der Trocknungsvorgänge für den Ausfall der Waren erkannt, infolgedessen legt man jetzt besonderen Wert darauf, daß die oben angeschnittenen Fragen eingehender als bisher behandelt und die Zusammenhänge möglichst weitgehend geklärt werden.

---

[1] Z.angew.Ch. 20, 2172 (1907)
[2] Z.angew.Ch. 20, 2172 (1907)
[3] Koll.Z. 116, 31 (1950)

Wir haben daher mit dem Studium der hier genannten Aufgaben begonnen und zunächst im Laboratorium unter möglichst einfach reproduzierbaren Bedingungen einige grundlegende Zusammenhänge untersucht. Die Kenntnis dieser Tatsachen ist Voraussetzung für die im weiteren Verlauf beabsichtigten Studien über die Zustände und Veränderungen der Fasern in Industrietrocknern.

Schon aus dem Ergebnis der ersten Untersuchung kann man erkennen, wie unvollständig unsere Kenntnisse bisher gewesen sind, so daß man oft mit falschen Voraussetzungen gearbeitet hat, die landläufig bisher als selbstverständlich gegolten haben.

Bevor wir auf die Durchführung der Versuche eingehen, soll zunächst an die verschiedenen Arten der Quellung erinnert werden, die hier zur Diskussion stehen.

<u>Quellung kann entweder durch Eintauchen in ein Quellungsmittel und darauffolgendes Abquetschen oder Abschleudern der überschüssigen Flüssigkeit oder aber durch Verweilen des zu quellenden Körpers in einer Atmosphäre, die den Dampf des Quellungsmittels enthält, erreicht werden.</u>

Schon vor längerer Zeit haben wir auf die sehr erheblichen Verschiedenheiten im Verhalten der quellbaren Stoffe gegenüber diesen beiden Arten der Quellung hingewiesen, trotzdem sie auf derselben Grunderscheinung beruhen, und sie zur schnellen Unterscheidung als <u>Naßquellung</u> und <u>Trockenquellung</u> einander gegenübergestellt[1].

Es ist klar, daß die Trockenquellung mit den sog. "hygroskopischen Eigenschaften" der betr. Stoffe zusammenhängt, es ist aber wichtig, durch die von uns gewählte Bezeichnung die Zuordnung auch der Gewichtsveränderung in Dampfatmosphären verschiedener Sättigung deutlich als Quellungsvorgänge zu kennzeichnen. Wenn man daher die Quellung der Fasern untersucht, sollten immer beide Arten dieses Vorganges geprüft und verglichen werden.

Andere Fragen tauchen aber in Zusammenhang mit den hier behandelten Problemen auf. So interessiert die Quellwertsverminderung in Abhängigkeit von der <u>Trocknungszeit</u>, denn der Zeitfaktor spielt in der Technik eine überragende Rolle und ist durch Geschwindigkeitsregulierung der Trocken-

---

[1] Zellwolle, Kunstseide, Seide <u>45</u>, 320 (1940). Ver. MATTHES 7)

vorrichtungen auch verhältnismäßig leicht einzustellen und konstant zu halten.

Weiterhin muß die Frage interessieren, in welcher Weise sich <u>Variationen der Quellungs- und Trocknungsbedingungen</u>, also beispielsweise die Trocknung in Luft einerseits und im Vakuum andererseits auswirken, wie sie insbesondere den Faserabbau beeinflussen.

Schließlich erhebt sich dann als vordringlich wichtiges Gebiet die <u>Veränderung der Farbstoffaufnahme</u>, weil gerade diese Änderung die Praxis der Färberei und Ausrüstung am meisten interessiert. Auch hier sind mancherlei Variationen zu berücksichtigen.

Wir kommen daher im ganzen zu folgender Gliederung:

  I. Veränderung der Naßquellung nach wiederholter Trocknung.
  II. Veränderung der Naßquellung nach Trocknung unter verschiedenen relativen Luftfeuchtigkeiten.
  III. Veränderung der Trockenquellung nach wiederholter Trocknung.
  IV. Einfluß der Trocknungszeit auf das Quellvermögen.
  V. Verschiedene Abänderungen der Quellungs- und Trocknungsbedingungen.
  VI. Faserabbau.
  VII. Veränderung der substantiven Farbstoffaufnahme nach Trocknungsprozessen.
  VIII. Veränderung der Farbstoffaufnahme nach Dämpfprozessen.

Man erkennt aus dieser Zusammenstellung die Breitenentwicklung dieser Arbeiten, deren Durchführung vom Jahre 1949 bis 1951 reicht. Hier wird zum ersten Mal eine Feststellung auf breitester Grundlage versucht, die bisher in der Literatur nicht vorhanden ist.

Selbstverständlich ist es in diesem Stadium der Arbeit nicht möglich, bereits fertige theoretische Anschauungen vorzulegen; hierzu müßten an zahlreichen Stellen die Versuche vervollständigt werden, wozu in erster Linie die Schaffung von besonderen Apparaturen zur völlig exakten Einhaltung bestimmter Versuchsbedingungen notwendig ist. Ausserdem muß dann auch der Einfluß einer Strömung der Trockenluft, wie er in der Praxis fast immer vorhanden ist, eingehend untersucht werden.

Nichtsdestoweniger ergibt sich aber bereits beim jetzigen Stand dieser

Arbeit ein überaus interessantes und oft überraschendes Bild der Vorgänge, wie es bisher nicht bekannt war.

Für die Versuche wurden folgende Reyonarten verwendet:

Viskosereyon:

<u>V 1</u>   Titer 120/22 den.; etwa aus dem Jahre 1930
<u>V 2</u>   Titer 120/16 den.; etwa aus dem Jahre 1930
<u>V 3</u>   Titer 120/24 den.;   aus dem Jahre 1950
       naß aus der Fabrik und getrocknet
<u>V 4</u>   Titer 120/18 den.; etwa aus dem Jahre 1930
<u>V 5</u>   Titer 100/16 den.; etwa aus dem Jahre 1930
<u>V 6a</u> Titer 120/25 den.; etwa aus dem Jahre 1930
<u>V 6b</u> Titer 120/24 den.;   aus dem Jahre 1950
       naß und getrocknet aus der Fabrik
<u>V 7</u>   Titer 100/40 den.; etwa aus dem Jahre 1930
<u>V 8</u>   Titer 100/40 den.; tiefmatt; etwa aus dem Jahre 1930

Kupferreyon:

<u>K 1</u>   Kupferreyon Titer 120/90 den.; etwa aus dem Jahre 1930

Die Auswahl erfolgte unter dem Gesichtspunkt, daß einmal frühere normale Friedensproduktion mit neuen Mustern verglichen werden sollte. Weiterhin stand aber nur von den älteren Mustern eine Serie zur Verfügung, die so außerordentliche Unterschiede im Quellvermögen aufwies, wie sie für diese Versuche erwünscht waren.

Zur methodischen Durchführung der Versuche sei erwähnt, daß die Quellungsbestimmung nach der Schleudermethode in Anlehnung an die Fachemfa-Vorschrift, die Trocknung im Wägeglas in einem Heraeus-Trockenschrank bei 105°C ohne Luftbewegung erfolgte.

I. Veränderung der Naßquellung nach wiederholter Trocknung

Die hierher gehörenden, grundlegenden Beobachtungen für Viskosefasern sind, wie oben erwähnt, bereits von HUBERT und später von LAUER beschrieben worden. Es ist aber in unserem Zusammenhange wichtig, zunächst einmal die Ergebnisse wiederholter Quellung und Trocknung an verschiedenartigen Fasern zu vergleichen (Tabelle 1).

Tabelle 1
Quellvermögen verschiedener Fasern nach 9 Nachtrocknungen

Material	Q nach Nachtrocknungen bei 105° C										Quellwerts-verminderg.
	0	1	2	3	4	5	6	7	8	9	
Baumwolle gebeucht	55,8	44,7	42,0	40,4	39,6	-	-	-	-	-	29
V 6a	88,9	82,1	76,4	72,7	71,6	72,3	70,0	65,6	64,6	64,8	27
V 7	104,4	99,3	95,7	93,8	88,3	90,1	89,6	83,7	80,9	81,2	22
V 8	124,9	116,0	109,5	103,5	97,1	99,0	93,3	85,1	80,2	80,9	35
K 1 Kupferreyon	84,6	80,9	76,8	73,7	71,8	70,1	69,5	66,7	66,4	64,8	20
Cap-Wolle supra 1747 gereinigt	47,7	40,6	41,0	40,2	41,1	-	-	-	-	-	14
Austral-Wolle supra 1609 gereinigt	43,5	40,0	40,7	39,5	40,1	-	-	-	-	-	8

Man erkennt hieraus,

a) daß Cellulose- sowie Eiweißfasern einen starken Quellwertabfall zeigen,

b) daß bei den Cellulosefasern dieser Abfall im ganzen größer ist als bei der Wolle und daß er bei letzterer schon ziemlich vollständig nach der 1. Trocknung ist, worauf sich die Wolle nicht mehr nennenswert ändert. Diese Zusammenhänge sollen unter Variation des pH noch weiter geprüft werden,

c) daß sogar die Baumwolle mit ihrem geringen Quellvermögen (gegenüber den regenerierten Fasern) einen prozentual sehr starken Abfall zeigt. Diese Beobachtung ist bis jetzt nicht beschrieben worden, vielmehr hat man anscheinend geglaubt, bei der Baumwolle keine Quellwertsverminderung erwarten zu dürfen.

Wir können nicht unbedingt behaupten, daß wir mit unseren maximal 9 Trocknungen bereits das Ende der Reihe der Quellwertsverminderungen erreicht haben. HUBERT, MATTHES und WEISBROD geben an, daß man bis auf einen

Forschungsberichte des Wirtschafts- und Verkehrsministeriums Nordrhein-Westfalen

Grenzquellwert von etwa 50 % herunterkommen könne. Bei uns ist, allerdings nach Verfahren, die erst weiter unten besprochen werden, als niedrigster Wert 56,8 % erreicht worden. Dies gilt aber nur für regenerierte Cellulosefasern, für die MATTHES auch theoretisch 50 % als untere Grenze fordert.

Damit sind wir dem untersten Wert der genannten Forscher ziemlich nahe gekommen.

Eine weitere, sehr wichtige Frage bezieht sich auf die Möglichkeit, die erzielten Quellwertsverminderungen durch besondere Behandlungen wieder rückgängig zu machen. LAUER[8] gibt an, daß die von ihm erzielten Quellwertsverminderungen beim Kochen mit Wasser oder verdünnter Sodalösung wieder rückgängig gemacht worden seien. Dabei ist allerdings zu berücksichtigen, daß LAUER wohl nur Fasern aus dem Betrieb, die also noch nicht getrocknet worden waren, untersucht hat.

Wir haben derartige Versuche an einem Viskose- und einem Kupferreyon gemacht, die vorher im Betrieb normal getrocknet waren und dann bei uns noch 5 mal gequollen und dazwischen 4 mal getrocknet waren. Das Ergebnis zeigt Tabelle 2.

Tabelle 2
Quellvermögen nach mehrmaliger Nachtrocknung und Nachbehandlung

Material	Q nach Trocknungen 0	4	H_2O 1 Std. gekocht	Sodalösung 4 g/l 1 Std. gekocht
V 6a trocken	88,9	71,6	73,9	73,3
K 1 Kupferreyon	93,6	74,8	74,5	72,1

Es ergibt sich, daß wir keine Spur davon feststellen können, daß sich die erzielten Quellwertsverminderungen wieder rückgängig machen lassen.

Schließlich ist der Unterschied von besonderer Bedeutung, der zwischen einem im Handel gekauften trockenen Reyon und einem solchen besteht, der feucht und unaviviert direkt aus der Kunstseidenfabrik kommt. Auch hierfür seien einige Beispiele gegeben. Wir vergleichen dabei je 2 Proben von 2 Reyons, die einmal in der Fabrik ohne Avivage normal getrocknet und einmal naß an uns geliefert wurden, so daß sie, ohne je vorher getrocknet zu sein, unseren Arbeitsgang durchmachten (Tabelle 3).

T a b e l l e 3

Vergleich von normal getrockneten und von ungetrockneten Viskosereyons

Material	Q nach Nachtrocknung bei 105°C			Quellwertsverminderung
	0	1	4	%
V 6b trocken	98,0	89,4	76,1	22
V 6b naß	135,0	92,3	78,1	42
V 3 trocken	84,7	78,0	72,7	14
V 3 naß	150,6	93,9	77,1	49

Hieraus ist zu ersehen, wie sich die Unterschiede im Quellvermögen zwischen trocken und naß, die ursprünglich bis zu fast 100 % betragen können, im Verlauf der verschiedenen Nachtrocknungen allmählich ausgleichen, so daß nach viermaliger Nachtrocknung (fünfmaliger Quellung) beide Arten von Proben sich fast gleich verhalten.

Bedenkt man in diesem Zusammenhange, welche Beziehungen zwischen Quellvermögen und Aufziehgeschwindigkeit von Farbstoffen bestehen, so erkennt man die überragende Bedeutung der gleichmäßigen Trocknung in der Reyonfabrik, gleichzeitig aber auch die Gefahr, die besteht, wenn z.B. die Trockner überlastet sind oder aus anderen Gründen nicht gleichmäßig arbeiten.

Die Zusammenhänge von Quellung, Trocknung und Färbung sind von HUBERT, MATTHES und WEISBROD erwähnt worden. Wir sind dabei, sie im Anschluß an diese Arbeit möglichst gründlich, besonders auch im Hinblick auf Gleichgewicht und Aufziehgeschwindigkeit zu untersuchen.

Ein Gebiet, über das bisher überhaupt nichts bekannt geworden ist, ist der <u>Einfluß von Avivagemitteln auf den Rückgang des Quellvermögens</u> bei wiederholten Trocknungen. Es ist sehr bemerkenswert, daß trotz der umfassenden Verwendung solcher Mittel in der Textilveredlung die Literatur fast keine Arbeiten auf diesem Gebiet kennt.

So selbstverständlich es ist, daß bei wissenschaftlichen Arbeiten, die sich ausschließlich mit der Fasersubstanz befassen, die Avivagemittel vorher sorgfältig entfernt werden, so ist doch umgekehrt für das technologische Verhalten der Faserstoffe die Anwesenheit solcher Stoffe von grundlegender Bedeutung.

Wir haben deshalb in umfangreichen Versuchen eine größere Anzahl von Viskosereyons und ein Kupferreyon mit verschiedenen Textilhilfsmitteln behandelt und den Rückgang des Quellvermögens nach 5 Quellungen und 4 Trocknungen (bei 105°C) untersucht. Dazu haben wir Baumwolle und Wolle geprüft.

Um zu ermitteln, ob der Rückgang des Quellvermögens wirklich auf eine Veränderung der Faser zurückzuführen war oder ob er nur bei Anwesenheit des Textilhilfsmittels auftrat, wurden nach der 5. Quellung die Fasern sorgfältig gereinigt und danach wiederum gequollen und auf ihr Quellvermögen untersucht. Über das Ergebnis unterrichtet <u>Tabelle 4</u>.

Tabelle 4

Quellvermögen von regenerierten Cellulosefasern nach wiederholter Quellung mit verschiedenen Textilhilfsmitteln und Trocknung bei 105°C

Material Textilhilfsmittel	Q nach Nachtrocknung bei 105°C		
	0	4	5 nach Entfernung der Avivage
V 1 gereinigt			
ohne Zusatz in H_2O	84,1	71,3	--
Seife	87,7	74,0	71,1
Hostapon	82,0	69,9	71,9
Igepal	80,1	66,5	67,6
Nekal	84,9	72,3	--
Mersolat D	79,1	56,3	58,5
Triäthanolamin	83,5	73,9	72,2
V 2 gereinigt			
ohne Zusatz in H_2O	84,3	66,3	--
Seife	92,6	74,8	70,4
Hostapon	81,7	69,6	71,6
Igepal	80,9	67,2	69,3
Nekal	83,1	70,4	--
Mersolat D	79,8	56,8	59,0
Triäthanolamin	83,7	74,1	71,8
V 3 trocken gereinigt			
ohne Zusatz in H_2O	84,7	72,7	--
Seife	87,9	79,4	74,2
Gardinol	84,1	71,1	70,4
Hostapon	80,6	70,6	71,7
Soromin	89,3	70,1	69,3
Nekal	83,3	71,3	70,4
Mersolat D	80,4	60,9	61,7
Soda	81,3	73,1	76,2
Triäthanolamin	87,0	75,1	74,4

Material Textilhilfsmittel	Q nach Nachtrocknung bei 105°C		
	0	4	5 nach Entfernung der Avivage
V 4 gereinigt			
ohne Zusatz in H_2O	87,6	72,2	--
Seife	87,8	71,8	67,2
Hostapon	80,9	65,2	66,6
Igepal	78,9	64,3	63,9
Nekal	80,4	70,6	--
Mersolat D	79,6	60,6	60,1
Triäthanolamin	82,7	71,7	68,1
V 5 gereinigt			
ohne Zusatz in H_2O	87,6	72,2	--
Seife	90,2	74,6	71,7
Hostapon	85,8	70,8	72,0
Igepal	84,7	68,1	69,1
Nekal	89,1	76,0	--
Mersolat D	85,2	66,1	66,6
Triäthanolamin	89,8	75,3	72,4
V 6a gereinigt			
ohne Zusatz in H_2O	88,9	71,6	--
Seife	90,4	74,4	70,5
Gardinol	84,3	70,6	71,1
Hostapon	83,6	71,5	72,4
Soromin	86,7	71,3	67,8
Nekal	83,2	70,6	73,2
Mersolat D	82,0	66,4	67,1
Soda	85,6	73,1	72,6
Triäthanolamin	85,5	76,8	72,9

Material Textilhilfsmittel	Q nach Nachtrocknung bei 105°C		
	0	4	5 nach Entfernung der Avivage
V 6b gereinigt			
ohne Zusatz in H_2O	98,0	76,1	--
Seife	101,0	79,8	75,3
Gardinol	94,0	74,9	74,7
Hostapon	89,5	72,9	75,1
Soromin	95,1	75,0	73,4
Nekal	93,8	72,2	74,6
Mersolat D	91,5	71,2	73,0
Soda	99,6	78,2	76,4
Triäthanolamin	99,9	75,2	75,2
V 7 gereinigt			
ohne Zusatz in H_2O	104,4	88,3	--
Seife	108,9	95,2	86,4
Hostapon	95,6	82,8	89,2
Igepal	95,0	82,9	86,7
Nekal	97,6	86,5	--
Mersolat D	96,4	75,9	80,8
Triäthanolamin	105,2	87,8	87,8
V 8 gereinigt			
ohne Zusatz in H_2O	124,9	97,1	--
Seife	127,7	102,4	101,4
Hostapon	118,3	90,2	98,2
Igepal	116,0	89,5	98,5
Nekal	117,1	94,8	--
Mersolat D	114,0	91,7	100,0
Triäthanolamin	121,1	98,9	102,9

Material Textilhilfsmittel	Q nach Nachtrocknung bei $105°C$		
	0	4	5 nach Entfernung der Avivage
K 1 gereinigt			
ohne Zusatz in H_2O	93,6	74,8	--
Seife	98,7	83,4	80,0
Gardinol	90,1	73,3	77,2
Hostapon	88,8	74,0	72,8
Soromin	93,5	70,4	69,5
Nekal	88,9	72,7	79,6
Mersolat D	84,8	60,0	64,7
Soda	93,2	75,9	78,8
Triäthanolamin	97,8	79,8	76,2
Baumwolle gebeucht			
Seife	60,0	50,1	--
Hostapon	53,2	40,4	--
Igepal	52,8	40,5	--
Nekal	55,8	39,6	--
Mersolat D	48,0	35,8	--
Triäthanolamin	59,1	50,0	--
Capwolle Supra 1747 gereinigt			
Seife	54,5	48,7	--
Hostapon	47,1	39,8	--
Igepal	46,0	40,0	--
Nekal	47,7	41,1	--
Mersolat D	48,5	40,7	--
Triäthanolamin	48,9	45,8	--

Die Durchsicht der umfangreichen Zahlenreihen zeigt zunächst einen sehr starken Einfluß der verschiedenen Hilfsmittel, jedoch in ganz verschiedener Richtung.

Folgende Befunde sind bemerkenswert:

1. Reyons

Spezielle Folgerungen können noch nicht gezogen werden. Wesentlich ist aber, daß wenn man von den alkalischen Mitteln Seife und Soda absieht, die häufig eine geringere Abnahme des Quellwertes gegenüber Wasser verursachen, auch in einer Anzahl von anderen Fällen ein deutlicher abweichender Einfluß zu erkennen ist, der jedoch noch eingehend untersucht werden muß.

2. Baumwolle

Auffallend ist die starke Quellwertsverminderung, die zeigt, daß bei den hier durchgeführten Behandlungen die Baumwolle - trotz ihrer niedrigen Gesamtquellung - sich keineswegs grundsätzlich anders verhält.

3. Wolle

Es soll nur festgestellt werden, daß auch die Wolle in Abhängigkeit von der Natur des Textilhilfsmittels, allerdings (wie zu erwarten) besonders wohl vom pH beeinflußt, verschiedene Werte ergibt. Weitere Schlußfolgerungen können vorläufig nicht gezogen werden.

Untersuchungen an Geweben

Um festzustellen, inwieweit die hier erzielten Ergebnisse auch bei Versuchen an Geweben bestätigt werden, haben wir je einen Kunstseidenstoff (Futterstoff), Zellwollnessel und Baumwollnessel unter Bedingungen getrocknet, wie sie etwa in Kondensationsapparaten zur Knitterechtausrüstung bestehen. Da uns im Zeitpunkt der Durchführung die Einflüsse der rel. Feuchtigkeit der umgebenden Luft (s. Abschnitt II) noch nicht bekannt waren, unterscheiden sich diese Versuche, bei denen 1/2 Stunde bei 140° C getrocknet wurde, besonders dadurch von den bisherigen Arbeitsbedingungen, daß die Trocknung schneller und die umgebende Luft wesentlich trockener war. Die Werte sind in <u>Tabelle 5</u> zusammengestellt.

Bei diesen Versuchen sind, wahrscheinlich durch schnellere Trocknung bei sehr hoher Temperatur und sehr geringem Feuchtigkeitsgehalt der Luft, die Verminderungen des Quellvermögens nicht so stark ausgeprägt wie in <u>Tabelle 4 und 5</u>, aber die Effekte treten klar hervor.

Tabelle 5

Quellvermögen von Geweben nach wiederholter Quellung mit verschiedenen Textilhilfsmitteln und Trocknung 1/2 Stunde 140°C

Material Textilhilfsmittel	Q nach Trocknungen 1/2 Std. 140°C			
	0		4	
	Kette	Schuß	Kette	Schuß
Reyongewebe				
Wasser	86,6	87,3	76,5	78,6
Seife (4g/l)	85,9	85,4	77,1	80,0
Igepal W (2g/l)	85,5	82,7	76,9	75,0
Soromin UV neu (1g/l)	84,1	84,7	77,4	74,6
Zellwollnessel				
Wasser	103	104	99,6	95,7
Seife	96,8	96,1	92,6	88,5
Igepal	94,0	92,7	86,7	82,4
Soromin	104	98,5	95,9	92,7
Baumwollnessel				
Wasser	53,7	53,8	52,4	48,8
Seife	50,8	50,6	47,1	45,5
Igepal	49,1	48,1	43,6	43,5
Soromin	49,0	48,9	46,1	45,2

Unsere ursprüngliche Vermutung, es könnten bei Trocknung unter Bedingungen, wie sie für die Kunststoffkondensation verwendet werden, auch ohne diese Stoffe besonders große Quellwertsherabsetzungen erreicht werden, hat sich also nicht bestätigt. Die Ergebnisse decken sich vielmehr ausreichend mit den Feststellungen des folgenden Kapitels.

Auffallend ist auch hier wieder, daß die Baumwolle prozentual gerechnet ähnlich hohe, stellenweise höhere Quellwertsverminderungen gibt als Kunstseide und besonders Zellwolle.

Diese ganze Versuchsreihe hat jedoch nur orientierenden Charakter; die mit der Gewebetrocknung zusammenhängenden Fragen werden noch besonders eingehend geprüft werden.

II. Veränderung der Naßquellung nach Trocknung unter verschiedenen relativen Luftfeuchtigkeiten

Im allgemeinen wird die Ansicht vertreten, das beste Mittel, eine Übertrocknung zu vermeiden, bestehe darin, daß man beim Trocknungsprozeß verhindert, daß die Ware allzusehr austrocknet, sie somit einen gewissen Feuchtigkeitsgehalt behält. Man setzt hierbei voraus, daß in einer trockenen Atmosphäre das Quellvermögen bei der Trocknung stärker abnimmt als in einer feuchten.

Schon die Hinweise von HUBERT, MATTHES und WEISBROD haben hierin eine Änderung unserer Kenntnisse gebracht, sie sind jedoch seltsamerweise in der Praxis so gut wie unbeachtet geblieben. Auch der gute Trockeneffekt des sog. Dungler-Trockners mit überhitztem Wasserdampf mußte zu denken geben.

Zur Klärung haben wir mit den 2 fabriknassen Reyonproben folgenden Versuch vorgenommen. Es wurden große Standzylinder mit Schliffdeckel in einem Trockenschrank auf 90°C erhitzt. Die Zylinder enthielten verschieden konzentrierte Salzlösungen, deren Wasserdampfdruck bei 90°C nach den Tabellen von Landolt-Börnstein so groß war, daß die gewünschte Sättigung (rel. Luftfeuchtigkeit) herauskam. Es wurden bei jedem Versuch 5 Zylinder verwendet, die auf etwa 0, 15, 45, 65 und 85 Prozent rel. Luftfeuchtigkeit bei 90°C eingestellt waren. In jeden Zylinder kamen 20 Wägegläschen mit je einer gewogenen nassen Probe des Reyonmaterials. Der Versuch lief bei 90°C insgesamt 10 Tage, und jeden Tag wurden 2 Wägegläschen herausgenommen, in einem verschlossenen Exsikkator ohne jedes Trockenmittel erkalten gelassen und dann gewogen. An der einen Probe wurde danach das Quellvermögen, an der anderen der Wassergehalt bestimmt. Mit jeder der fabriknassen Reyonproben wurde eine derartige Serie durchgeführt. Das Ergebnis nach 10 tägiger Trocknung zeigt **Abbildung 1**. Wir sehen an den beiden Materialien das in der Tat überraschende Ergebnis, daß das Quellvermögen bis zu einer rel. Luftfeuchtigkeit von etwa 45 % stark ansteigt, dann aber, und zwar bei beiden verschiedenen Provenienzen, bei weiterer Steigerung der rel. Luftfeuchtigkeit stark abfällt, um schließlich bei 85 % rel. einen Punkt zu erreichen, der etwa 6 % unter dem Ausgangswert liegt.

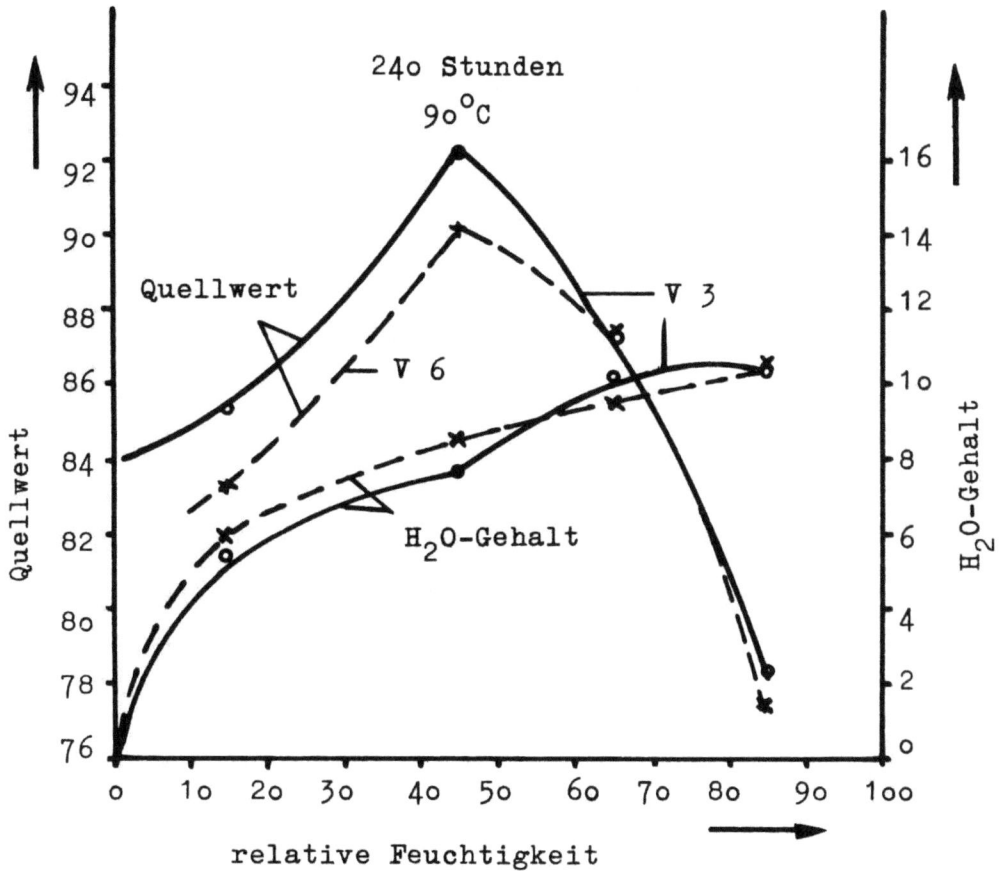

Abbildung 1

Mit diesem Ergebnis sind nicht nur die Versuche von HUBERT, MATTHES und WEISBROD weitgehend bestätigt, es wird vielmehr noch dazu die Existenz eines Maximums aufgefunden.

Fast genau gleichartig mit dem aufsteigenden Ast dieser Kurven steigen auch Kurven der Wassergehalte, so gut wie identisch bei beiden Provenienzen, gleichmäßig an, und es ergibt sich die paradoxe Feststellung, daß das Material mit dem höchsten Wassergehalt (etwa 10 %) gleichzeitig das niedrigste Quellvermögen hat. Es ist dies ein Befund, den in dieser Eindeutigkeit wohl niemand erwartet hat. Er zeigt aber, daß die Prinzipien einer Trocknung in Luft von hohem Sättigungsgrad des Wasserdampfes richtig sind. Unser Material kommt bei 85 % rel. Luftfeuchtigkeit und 90°C mit dem durchaus normalen Feuchtigkeitsgehalt von etwa 10 % aus dem Trocknungsprozeß heraus.

Daß derartige Verhältnisse auch im normalen Trocknungsgang erreicht werden, ist zu bezweifeln, denn die Sättigung der Trockenluft dürfte schon aus dem Grunde erheblich geringer als 85 % sein, weil meist mit überhitztem, also ungesättigtem Dampf gearbeitet wird. Ob die Feuchtigkeit der Ware zur Einstellung hoher Luftfeuchtigkeiten ausreicht, ist noch zu klären. Jedenfalls zeigen unsere Versuche, wie wichtig es ist, die beabsichtigte Untersuchung der Zustände in Industrietrocknern eingehend durchzuführen.

Eine so hohe Sättigung, wie z.B. 85 %, wäre außerdem auch nicht wünschenswert, wenn dadurch die starke, von uns festgestellte Herabsetzung des Quellvermögens auftritt. Die Analyse des zeitlichen Trocknungsverlaufes bei unseren Reihen zeigt jedoch, daß es durchaus möglich ist, durch Abkürzung der Trockenzeit eine Herabsetzung des Quellvermögens zu verhindern

Eine Erläuterung zur Erklärung dieses seltsamen Verhaltens gibt <u>Abb. 2,</u> wo die Quellwerte in Abhängigkeit von der Trocknungszeit aufgetragen sind

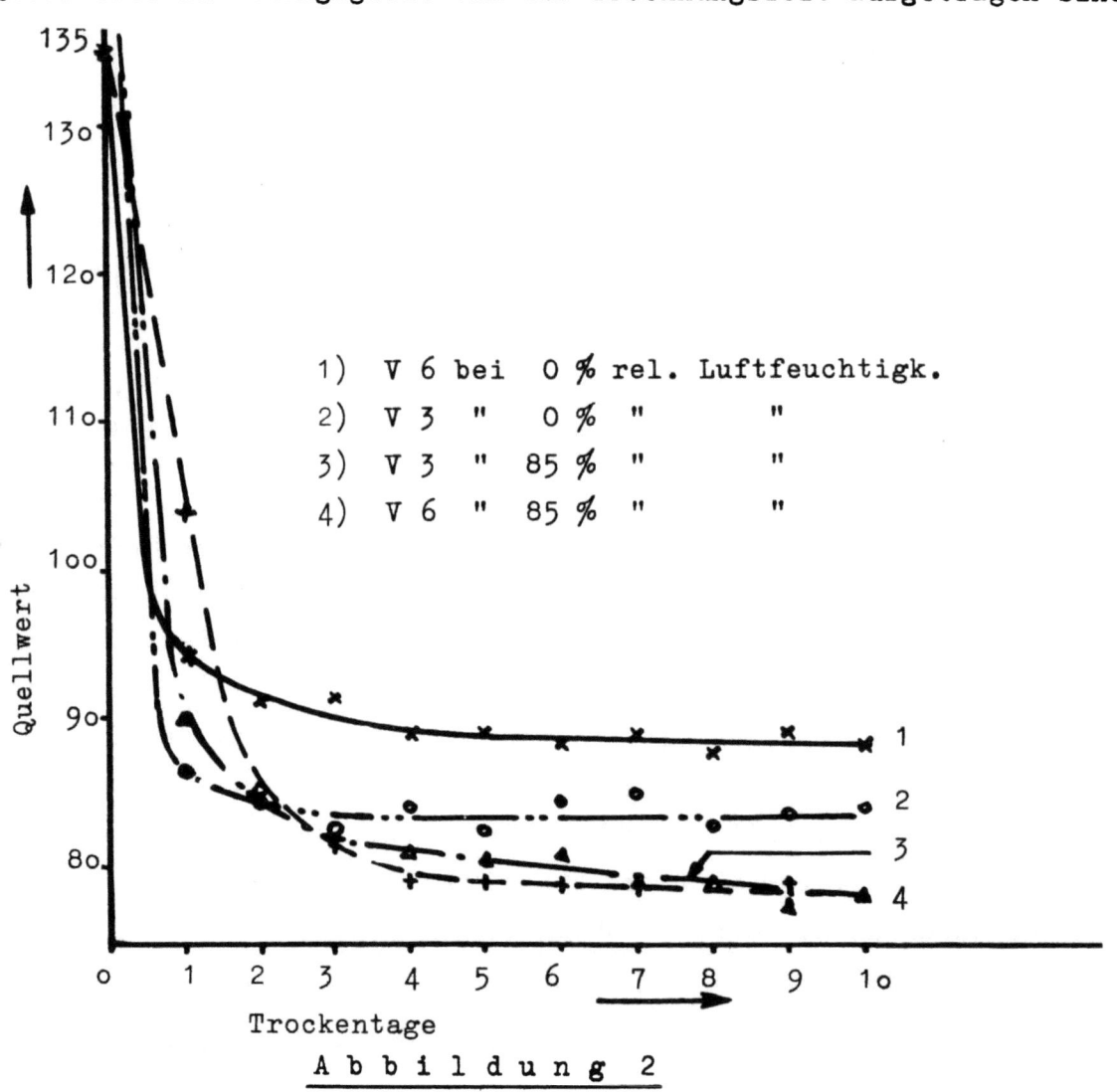

A b b i l d u n g   2

Man findet innerhalb des ersten Tages, daß bei trockener Luft die Trocknung am schnellsten, bei sehr feuchter Luft am langsamsten geht. Nach dem 1. Tage überkreuzen sich die Kurven, und das zunächst langsamer getrocknete Material zeigt eine geringere Quellung als das schneller getrocknete. Wir werden hierauf weiter unten zurückkommen.

III. Veränderung der Trockenquellung nach wiederholter Trocknung

Im Gegensatz zur Naßquellung ergibt die Trockenquellung schon bei den unbehandelten Fasern ein viel gleichmäßigeres, undifferenziertes Bild als die Naßquellung. Allein auf dieser Tatsache beruht die Möglichkeit, feststehende Feuchtigkeitszuschläge für bestimmte Faserarten einzuführen. Es interessiert nun die Frage, wie sich die Trockenquellungswerte in Zusammenhang mit den in den vorangehenden Abschnitten geschilderten Behandlungen ändern.

Aus einer großen Anzahl von Versuchen[1] geben wir in Abb. 3 eine Zusammenstellung.

Man erkennt zunächst, daß den extrem hohen Unterschieden in der Naßquellung von V 6 einerseits und V 7 bzw. V 8 andererseits (vgl. Tabelle 4) Verschiedenheiten in der Trockenquellung von weniger als 1 % entsprechen.

Die Verminderung der Trockenquellung durch mehrmalige Quellung und Trocknung beträgt etwa 1 % und zeigt kaum Differenzierungen. Aus den Angaben von HUBERT, MATTHES und WEISBROD geht hervor, daß diese Forscher fast gar keine Veränderung der Trockenquellung feststellen konnten. Das stimmt wohl nicht ganz, aber die Feststellung ist doch berechtigt, daß auch erhebliche Verminderung der Naßquellung von etwa 20 % in der Trockenquellung nur wenig zur Geltung kommen. Hierher gehört übrigens auch ein früherer Befund von uns, daß die starke Verringerung der Naßquellung bei der Quellfestausrüstung mit Formaldehyd und sauren Katalysatoren die Trockenquellung so gut wie nicht beeinflußt.

Es ist wichtig, daß diese grundsätzlichen Unterschiede zwischen Trocken- und Naßquellung hervorgehoben werden, um klarzustellen, daß es unmöglich

---

[1] Durchführung der Messung nach WELTZIEN, WINDECK-SCHULZE und PIEPER. Zellwolle - Kunstseide - Seide 47, 57 (1942)

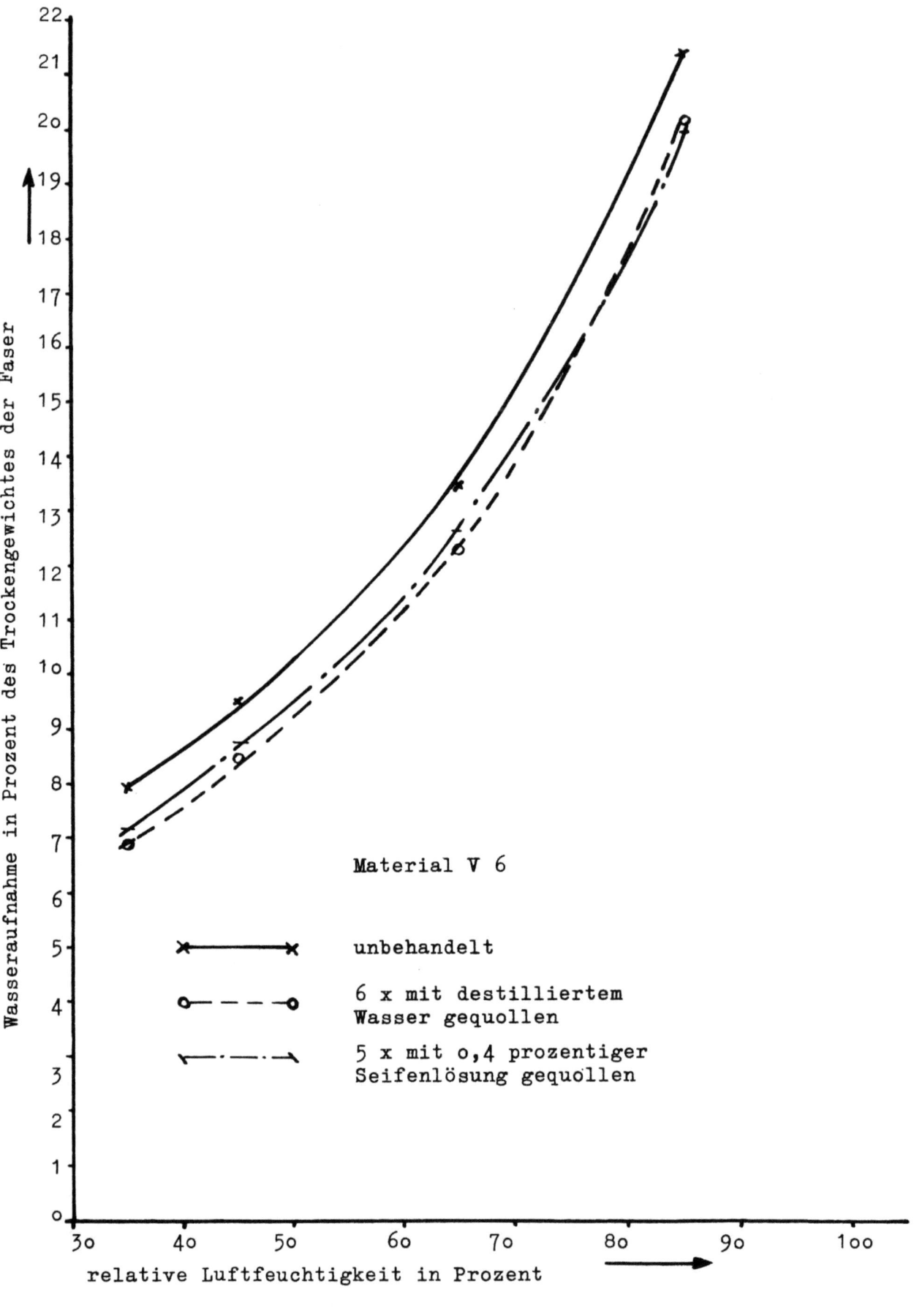

Abbildung 3

ist, aus dem Feuchtigkeitsgehalt einer den Trockner verlassenden Ware auf deren Quellvermögen zu schließen.

IV. Einfluß der Trocknungszeit auf das Quellvermögen

Um den Einfluß der Trocknungsdauer auf den Rückgang des Quellvermögens zu ermitteln, haben wir von zwei regenerierten Cellulosefasern in je 2 Parallelversuchen die Abnahme des Quellvermögens mit der Zeit bestimmt. Dies geschah in der Weise, daß wir von jeder Probe nach dem Abzentrifugieren des Quellungswassers 20 Gläschen in den Trockenschrank bei 105° C stellten. Nach bestimmten Zeitabschnitten, die sich aus Abb. 4 ergeben, wurden je 2 Gläschen herausgenommen und das Quellvermögen der in ihnen enthaltenen Proben bestimmt.

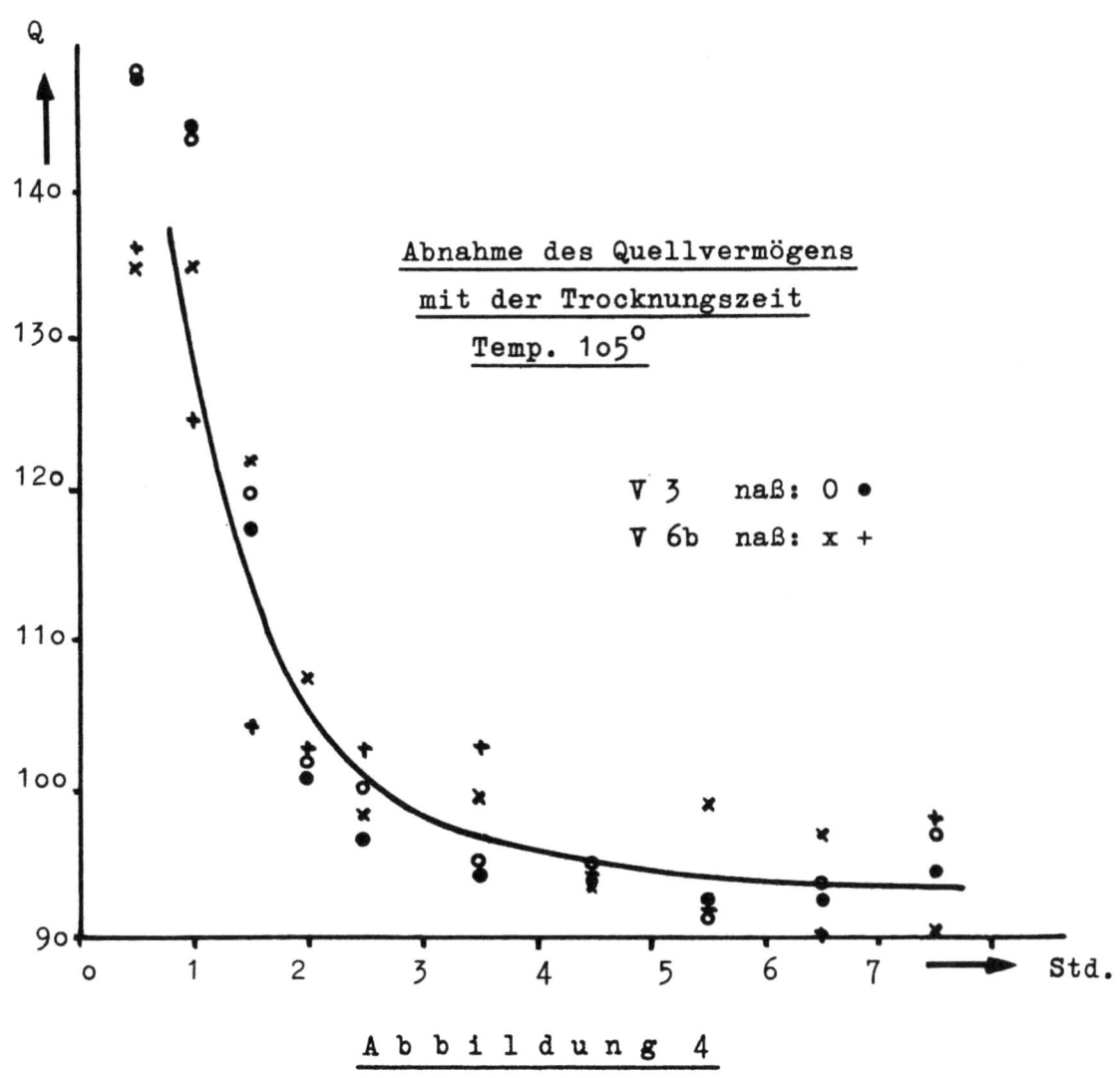

Abbildung 4

Die Kurven zeigen selbstverständlich nicht unerhebliche Streuungen, aber es läßt sich doch deutlich erkennen, wie innerhalb eines gewissen Bereiche des Quellvermögens sich ein Endzustand einstellt.

Die Versuche haben zunächst nur orientierenden Charakter, und es wird bei weiteren Untersuchungen festzustellen sein, ob ein Einfluß auf das Quellvermögen auftritt, wenn man, z.B. durch starke Luftbewegung, den Trocknungsvorgang beschleunigt. Im Rahmen dieser Arbeit sollte nur gezeigt werden, daß bei ruhender Luft erhebliche Zeiten notwendig sind, um eine vollständige Austrocknung zu erreichen.

V. Einfluß verschiedener Quellungs- und Trocknungsbedingungen auf das Quellvermögen

Hier wäre zunächst über den Temperatureinfluß zu sprechen. Größere Versuchsserien bei verschiedenen Temperaturen sind erst begonnen worden. Tatsache ist, daß man bei Verwendung niederer Temperaturen (80° C) große Veränderungen des Quellungsvermögens nicht findet (siehe unten: die Trocknung im Vakuum).

Einen weiteren Beitrag hierzu liefern die in Tabelle 6 wiedergegebenen Versuche.

Tabelle 6

Einfluß von verschiedenen Temperaturen und von Spannung auf das Quellvermögen eines Gewebes (Futterstoff) nach einmaliger Trocknung

	Netz-dauer Min.	Ab-quetsch-effekt %	\multicolumn{6}{c}{Quellwert nach Trocknung}					
			30'/70° Kette	30'/70° Schuß	30'/105° Kette	30'/105° Schuß	15'/140° Kette	15'/140° Schuß
Rohware	2,5	-	87,3	87,5	-	-	-	-
Rohware, entschlichtet	2,5	-	81,2	81,5	-	-	-	-
gequollen, getrocknet ohne Spannung	2,5	124	79,8	79,9	79,2	80,1	79,3	80,3
gequollen, getrocknet unter Spannung	2,5	126	79,2	79,9	78,9	80,5	77,9	78,3

Hier haben wir bei nur einmaliger Trocknung unter verschiedenen Bedingungen (30'/70°; 30'/105°; 15'/140°) an einem Futterstoff die Werte für Kette und Schuß und außerdem für Trocknung mit und ohne Spannung zusammengestellt

Zunächst ergibt sich sehr deutlich der Verlust an Quellungsvermögen gegenüber der entschlichteten Rohware, der zwar nicht sehr erheblich ist, unter Umständen aber färberisch schon irgendwie erkennbar sein könnte. Hierüber müssen noch Untersuchungen angestellt werden.

Wesentlich ist ferner, daß praktisch kaum Unterschiede zwischen den verschiedenen Zeit-Temperatur-Bedingungen sowie für die Trocknung mit oder ohne Spannung festgestellt werden können. Ein feinerer Unterschied besteht darin, daß bei 30'/105° C und 15'/140° C im Quellvermögen des Kettmaterials die unter Spannung getrockneten Proben etwas niedriger liegen. Bei der letzten Temperaturbedingung (15'/140° C) ist dies auch im Schuß erkennbar.

Es wird Gegenstand weiterer Untersuchungen sein müssen, in wieweit diese kleinen Unterschiede färberische Bedeutung haben. Jedenfalls ist es instruktiv festzustellen, daß auch eine einmalige Trocknung nach dem Entschlichten schon einen ganz merklichen Effekt hervorruft. Damit wird bestätigt, wie empfindlich das Verfahren der Quellungsmessung ist.

Sehr umfangreiche Versuche haben wir weiterhin darüber angestellt, wie sich verschiedene Arten von Quellung und Trocknung bei einer Gesamttrocknungszeit von 120 bzw. 145 Stunden und einer Temperatur von 105° C auf das Quellvermögen auswirken.

Wir haben bereits darauf hingewiesen, daß schon HUBERT, MATTHES und WEISBROD das mehrfach wiederholte Quellen und Trocknen als Grundlage für eine besonders deutliche Reduzierung des Quellvermögens erkannt haben.

In Tabelle 7 ist die Wirkung verschiedener Arten von Quellung und Trocknung auf den Quellwert gezeigt, und zwar für 7 verschiedene regenerierte Cellulosefasern. Die DP-Werte sollen zunächst außer Betracht bleiben. Folgende Behandlungsweisen sind in Tabelle 7 zusammengestellt:

    a) Quellwert der unbehandelten Faser
    b) zehnmalige Quellung mit dazwischenliegenden Trocknungen in Luft bei 105°C. Gesamtdauer der Trocknungszeiten ca. 120 Std.
    c) zehnmalige Quellung mit dazwischenliegenden Trocknungen im Vakuum bei 80°C. Gesamtdauer der Trocknungszeiten ca. 32 Std.

d) zehnmalige Trocknung ohne Quellung bei 105°C (gesamte Trocknungsdauer ca. 120 Std.). Dazwischen jeweils zehnstündiges Auslegen an der Luft bei 25° C.

e) zehnmalige Trocknung ohne Quellung bei 105°C (gesamte Trocknungsdauer ca. 120 Std.). Dazwischen jeweils 10-stündiges Auslegen in absolut trockenem Vakuum (P_2O_5) bei 25° C.

f) 140-stündige ununterbrochene Trocknung bei 150° C an der Luft.

Tabelle 7
Wirkung verschiedener Arten von Quellung und Trocknung auf Quellwert und DP

		V 3	V 6b	V 7	V 8	K 1
a) unbehandelt	Q	87,7	98,0	104	125	96,8
	DP	298	293	335	355	498
b) 10 x Quellung Trocknung Luft 105°C 120 Std.	Q	-	(69)	81,2	80,9	64,8
	DP	-	(250)	322	219	
c) 10 x Quellung Trocknung Vakuum 80°C 32 Std.	Q	83,3	87,1	97,3	110	87,8
	DP	298	284	368	365	461
d) 10 x Trocknung ohne Quellung 105°C, 120 Std. dazwischen je 10 Std. an Luft 25°C	Q	74,2	78,7	91,6	-	78,1
	DP	244	235	298	-	332
e) 10 x Trocknung ohne Quellung 105°C, 120 Std. dazw. je 10 Std. Vakuum 25°C abs. tr.(P_2O_5)	Q	72,9	81,6	96,8	-	86,5
	DP	240	250	298	-	373
f) 145 Std. ununterbrochen auf 105°C erhitzt	Q	76,6	81,3	96,9	-	88,5
	DP	256	246	322	-	390

Ergebnisse über sämtliche Behandlungsarten liegen vor für die Fasern V 6B, V 7 und K 1. Bei den übrigen Fasern war es noch nicht möglich, sämtliche Behandlungsarten durchzumessen.

Zunächst ist es nicht überraschend, daß die Behandlung b) den stärksten Rückgang des Quellvermögens mit sich bringt. Zwischen a) (unbehandelt) und b) liegen also in den Quellwerten die größten Extreme. Bei den übrigen Behandlungsarten bleiben die Quellwerte wesentlich höher. Besonders interessant ist dies bei der Behandlungsart c) (Vakuumtrocknung in kurzer Zeit). Hier sind die Quellwerte gegenüber dem Ausgangsmaterial nur relativ wenig reduziert. Man kann hieraus eine Bestätigung für die Befunde entnehmen, die wir bereits auf S. 22 angeführt haben, daß nämlich ein schneller Trocknungsprozeß die geringsten Veränderungen der Faser hinterläßt. Außerdem ist natürlich im vorliegenden Falle noch die niedere Temperatur von besonderer Bedeutung. Wenn man die Behandlungen unter e) und f), d.h. die reinen Trocknungen ohne jede Quellung und ohne Berührung der Faser mit Feuchtigkeit aus der Luft, mit den vorher genannten Resultaten vergleicht, so erkennt man, daß der Verlust des Quellvermögens in diesen beiden Fällen nur wenig größer ist als bei der Trocknung im Vakuum unter zehnmaliger Quellung.

Dagegen genügt bei der Behandlung d) ein zwischen die Trocknungsvorgänge eingefügtes zehnstündiges Auslegen an der Luft, um eine immerhin schon merklich gesteigerte Abnahme des Quellvermögens zu bewirken. Die geringe Quellung, die durch die Feuchtigkeitsaufnahme aus der Luft in den Zwischenzeiten stattfindet, genügt also schon, um einen merklichen Einfluß hervorzurufen.

Man wird diese Feststellungen weiter verfolgen müssen, kann aber jetzt schon erkennen, wie bedeutungsvoll die Abänderung der Trocknungsbedingungen und insbesondere eine mehrfache Wiederholung mit feuchten Zwischenbehandlungen für den Warenausfall ist.

VI. Faserabbau

Der Faserabbau im Zusammenhang mit der Trocknung ist bisher noch in keiner Weise berücksichtigt worden. Wir haben deshalb nunmehr an einem umfangreichen Versuchsmaterial die Bestimmung des Durchschnittspolymerisationsgrades (DP) durch Viskositätsmessung in Natronlauge durchgeführt. Dabei haben wir festgestellt, daß bei den bisherigen Trocknungen an Luft von 105° C bei zehnmaliger Quellung ein zum Teil recht erheblicher Abbau festgestellt werden konnte. Demgegenüber zeigt die Behandlung c) (Trocknung im Vakuum bei 80° C) praktisch überhaupt keine Herabsetzung des DP; in manchen Fällen wird sogar eine Erhöhung festgestellt, über deren Natur wir noch weitere Untersuchungen anstellen müssen. Bei den Trocknungen ohne Quellung und ganz besonders bei der Behandlung d) (Auslegen der Proben an der Luft) werden dagegen sehr erhebliche Herabsetzungen des DP gefunden, ohne daß in allen Fällen die Quellung einen entsprechenden Rückgang aufweist. Bei der Behandlung d) treten also die stärksten Faserschädigungen auf. Es dürfte wohl kein Zweifel darüber bestehen, daß dies damit zusammenhängt, daß man der getrockneten Ware Gelegenheit gibt, an der Luft Sauerstoff aufzunehmen, ohne daß dieser durch einen Quellungsprozeß vor dem erneuten Trocknen wieder verdrängt wird. Damit ist die Bedeutung des Luftsauerstoffes für die Schädigung bei längeren Behandlungen auch bei unseren Versuchen einwandfrei bestätigt. Andererseits wird aber ebenso klar herausgestellt, daß die Verminderung der Quellung in erster Linie durch die abwechselnde Benetzung und Trocknung hervorgerufen wird und mit dem Faserabbau keinesfalls parallel läuft. Diese Feststellung wird durch Abb. 5 erhärtet; auf ihm sind Quellwerte und DP von 5 Fasern der Tabelle 7 in ein Koordinatennetz mit DP als Abszisse und Q als Ordinate eingetragen. Die Punkte für die unbehandelten Fasern sind durch gerade Linien mit den Punkten derselben Faserart, aber anderer Vorbehandlung, verbunden. Bestände irgendeine Beziehung zwischen Q und DP, dann müßten die zusammengehörigen Punkte irgendeine gegenseitige Regelmäßigkeit ihrer Lage aufweisen. Die Lagerung ist aber regellos, daher keine Beziehung zwischen Q und DP zu erkennen.

Wenn auch mit der Quellungsverminderung häufig ein erheblicher Abbau parallel geht, so kann man doch nicht behaupten, daß die Quellungsverminderung ausschließlich eine Folge des Faserabbaues sei, wie dies bekanntlich für den Abbau der Fasern durch Säure bewiesen ist. Weitere Versuche, die sich besonders auch auf das Verhalten der Fasern bei verschiedenen relativen Luftfeuchtigkeiten auszudehnen haben, müssen diese Verhältnisse noch klären.

Die Praxis hat an dem Faserabbau keinerlei Interesse und muß deshalb alle die Bedingungen vermeiden, die ihn hervorrufen können. Ob sie an einer Quellungsverminderung größeren Ausmaßes Interesse hat, müßte in Zusammenhang mit Hochveredlungsprozessen noch geklärt werden. Jedenfalls zeigen

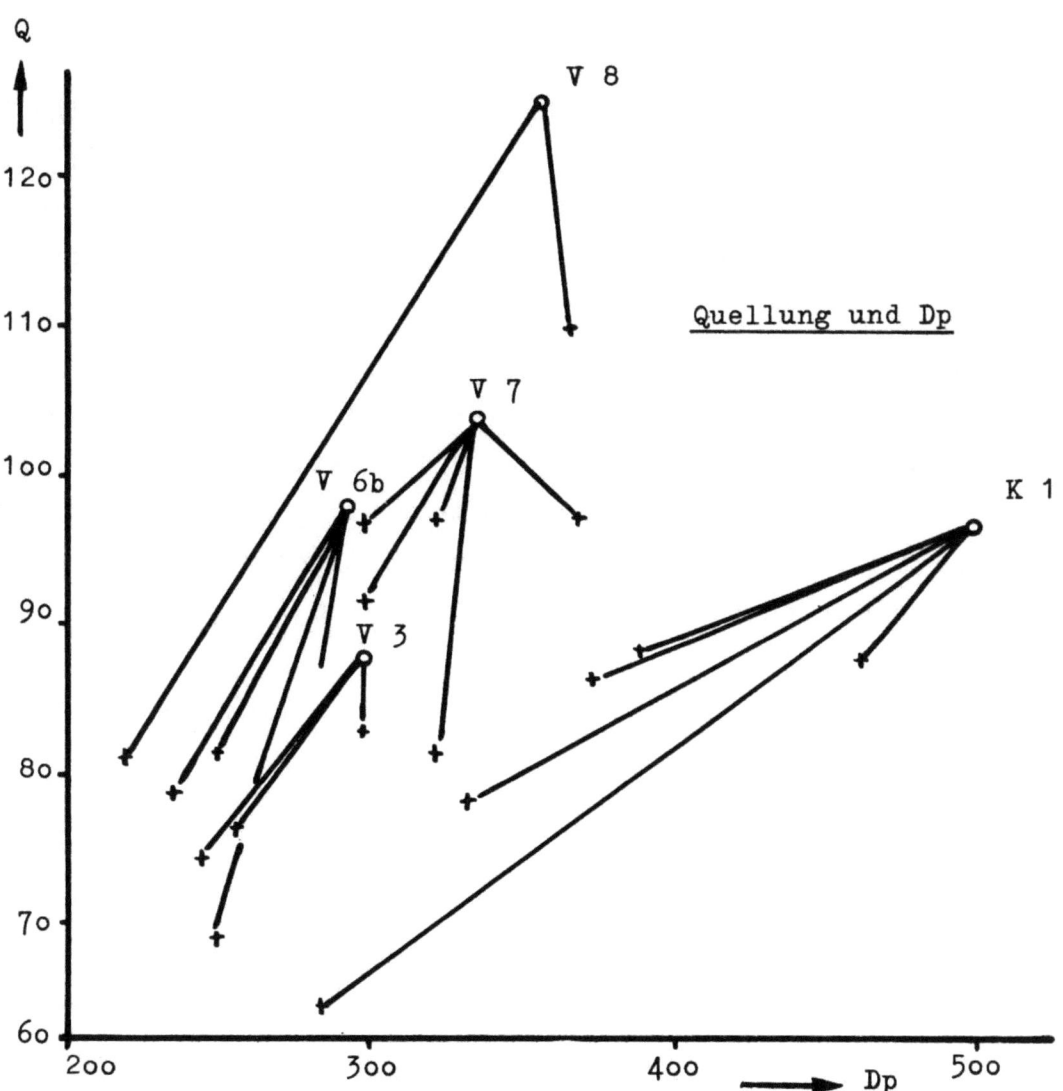

Abbildung 5

die bisherigen Versuche einen Weg, um die verschiedenartigen Einflüsse in ihrer spezifischen Wirkung auf die Faser kennenzulernen.

VII. Veränderung der substantiven Farbstoffaufnahme

Die Tatsache, daß mit abnehmender Quellung auch die substantive Farbstoffaufnahme herabgesetzt wird, ist eine Binsenwahrheit. Die früheren Bearbeiter dieses Gebietes haben denn auch diesen Befund jedesmal bestätigt. Es ist aber, soviel wir unterrichtet sind, noch keine gründliche Untersuchung ausgeführt worden, inwieweit sich beim substantiven Färbeprozeß die Aufnahmegeschwindigkeiten und die Gleichgewichte verändern. Derartige Feststellungen sind aber schon deshalb von größter Wichtigkeit, weil hieraus möglicherweise Schlüsse auf die Veränderungen der Faserstruktur infolge der verschiedenen Quellungs- und Entquellungsprozesse gezogen werden können.

Wir haben deshalb die Farbstoffaufnahme von Brillantbenzoblau 6 B bei 80°C in Abhängigkeit von der Zeit (ZF-Linien) in einem von uns entwickelten Apparat gemessen. (Färbebedingungen: 2 l Flotte, enthaltend 1 g Farbstoff, 2 g Na_2SO_4; 80°C). Die Ergebnisse zeigt Abb. 6. Es sind hier die Fasern V 1 und K 1 in unbehandeltem Zustand sowie nach fünfmaliger Quellung und Trocknung durchgemessen worden (Tabelle 8).

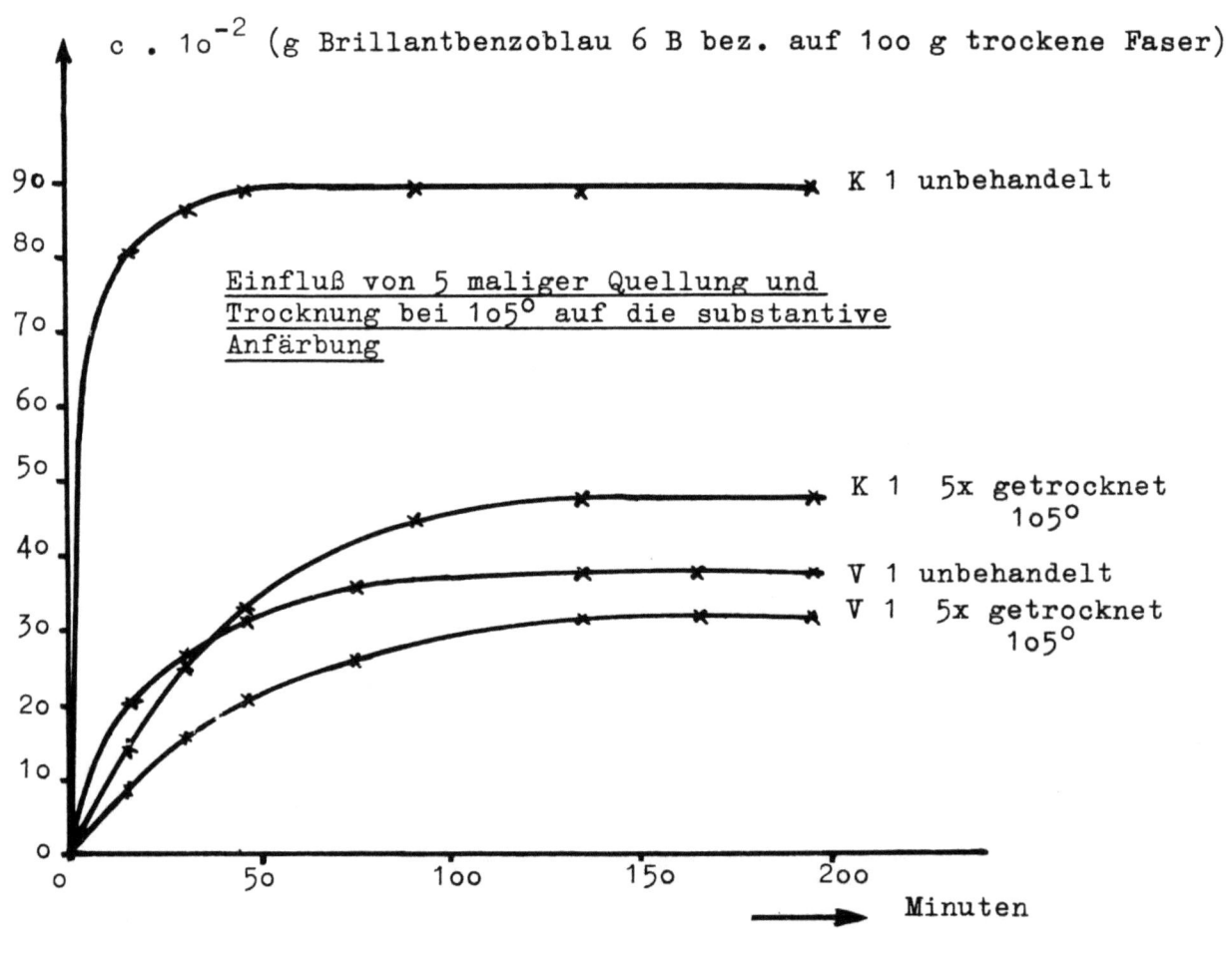

A b b i l d u n g   6

Aufs äußerste überraschend ist hier das Ergebnis, daß bei ähnlichen Endwerten in der Quellung nach der Behandlung die färberischen Auswirkungen bei der Kupferfaser K 1 ganz unverhältnismäßig viel größer sind als bei der Viskosefaser. Während die Kupferfaser einen Rückgang des Färbevermögens von etwa 47 % aufweist, findet man bei der Viskosefaser nur einen Rückgang von etwa 16 %.

Diese Unterschiede waren u.W. bis jetzt nicht bekannt. Daß sie praktisch von großer Bedeutung sind, liegt auf der Hand.

Tabelle 8 : Quellung

	unbehandelt %	5 x gequollen getr. 105°C %	Quellwertsverminderung %
V 1	84,1	71,3	15,2
K 1	93,6	74,8	20,2

Nunmehr wurden folgende Reyonarten für weitere Versuche ausgewählt:

V 1 : Titer 120/22 den.
V 3 : Titer 120/24 den.
V 6b: Titer 120/24 den.
K 1 : Titer 120/90 den.

Die für diese 4 Chemiefasern ermittelten Quellwerte, unbehandelt und nach 5 Quellungen mit 4 Trocknungen in doppelt-destilliertem (dd) Wasser sind in Tabelle 9 nochmals zusammengestellt.

Tabelle 9
Quellwerte (Q) der verwendeten Fasern

	unbehandelt Q %	nach 5 mal. Quellung u. 4 Trockng. 105°C Q %	Quellwertsverminderung %
V 1	84,1	71,3	15,3
V 3	84,7	72,7	14,2
V 6b	98,0	76,1	22,4
K 1	93,6	74,8	20,2

Anschließend geben wir in Tabelle 1o eine Wiederholung der für diese Fasern bei Anwendung verschiedener Textilhilfsmittel gefundenen Quellwertsverminderungen.

Tabelle 1o

Quellwerte (Q) bei Verwendung verschiedener Textilhilfsmittel

	V 1	V 3	V 6b	K 1	Quellwertsverminderung nach 5x Quellung u. 4x Trocknung 105° C in %			
					V 1	V 3	V 6b	K 1
Gardinol	-	84,1	94,0	90,1	-	16,3	20,5	14,3
Hostapon	82,0	80,6	89,5	88,8	12,3	11,1	16,2	18,1
Seife	87,7	87,9	101,0	98,7	19,0	15,6	25,4	18,9
Nekal	84,9	83,3	93,8	88,9	14,9	15,5	20,4	10,5
Soromin	-	89,3	95,1	93,5	-	22,4	22,8	25,6
Triäthanolamin	83,5	87,0	99,9	97,8	13,6	14,9	24,7	22,1
Soda	-	81,3	99,6	93,2	-	6,3	23,4	15,5
dd-Wasser	84,1	84,7	98,0	93,6	15,3	14,2	22,4	20,2
Mersolat D	79,1	80,4	91,5	84,8	26,1	23,3	20,2	23,7

Beim Vergleich von Tabelle 9 und Tabelle 1o erkennt man die Tendenz, daß bei höherer Ausgangsquellung die proz. Quellungsverminderung ebenfalls größer ist, die Fasern sich also nach den wiederholten Trocknungsprozessen einander nähern. Die Behandlung mit den verschiedenen Textilhilfsmitteln bewirkt nur bei dem etwas sauren Mersolat D eine besonders starke Verminderung der Quellung, während mit den übrigen Mitteln die Quellungsunterschiede nicht allzu bedeutend sind.

Betrachten wir demgegenüber das Ergebnis der Färbeversuche, so zeigt sich ein völlig anderes Bild. Zur Anfärbemethode sei kurz gesagt, daß die Färbung an kleinen Faserbärten in praktisch unendlich großer Flotte (2 l Flotte, enthaltend 1 g Brillantbenzoblau 6 B rein, 2 g Natriumsulfat wasserfrei, Temperatur 80° C) unter Rühren in einem von uns entwickelten und gebauten Apparat durchgeführt wird. Gleichzeitig werden 6 Proben gefärbt, die einzeln nach bestimmten Zeiten herausgenommen, gespült und durch Extraktion mit wässrigem Pyridin vom Farbstoff befreit werden. Dieser wird kolorimetrisch in der Pyridinlösung bestimmt.

Man erhält auf diese Weise die Farbaufnahme-Zeit-(FZ)-Linien. Sie sind für die hier untersuchten vier Materialien in den Bildern 7 - 11 wiedergegeben.

Man erkennt deutlich die starken färberischen Einflüsse bei der Verwendung der verschiedenen Textilhilfsmittel in den Quellungsflüssigkeiten. Am stärksten ist (außer bei Mersolat D) immer die Wirkung reinen dd-Wassers, während die Textilhilfsmittel vom Typ Hostapon = Igepon oder vom Typ Nekal offensichtlich in färberischer Beziehung einen gewissen Schutz gegen Veränderungen der Faser beim Trocknen ausüben.

<u>Auffallend ist, daß die Wirkung weniger auf einer Verringerung der Aufziehgeschwindigkeit als auf der Herabsetzung der im Gleichgewicht aufziehenden Farbstoffmenge beruht.</u>

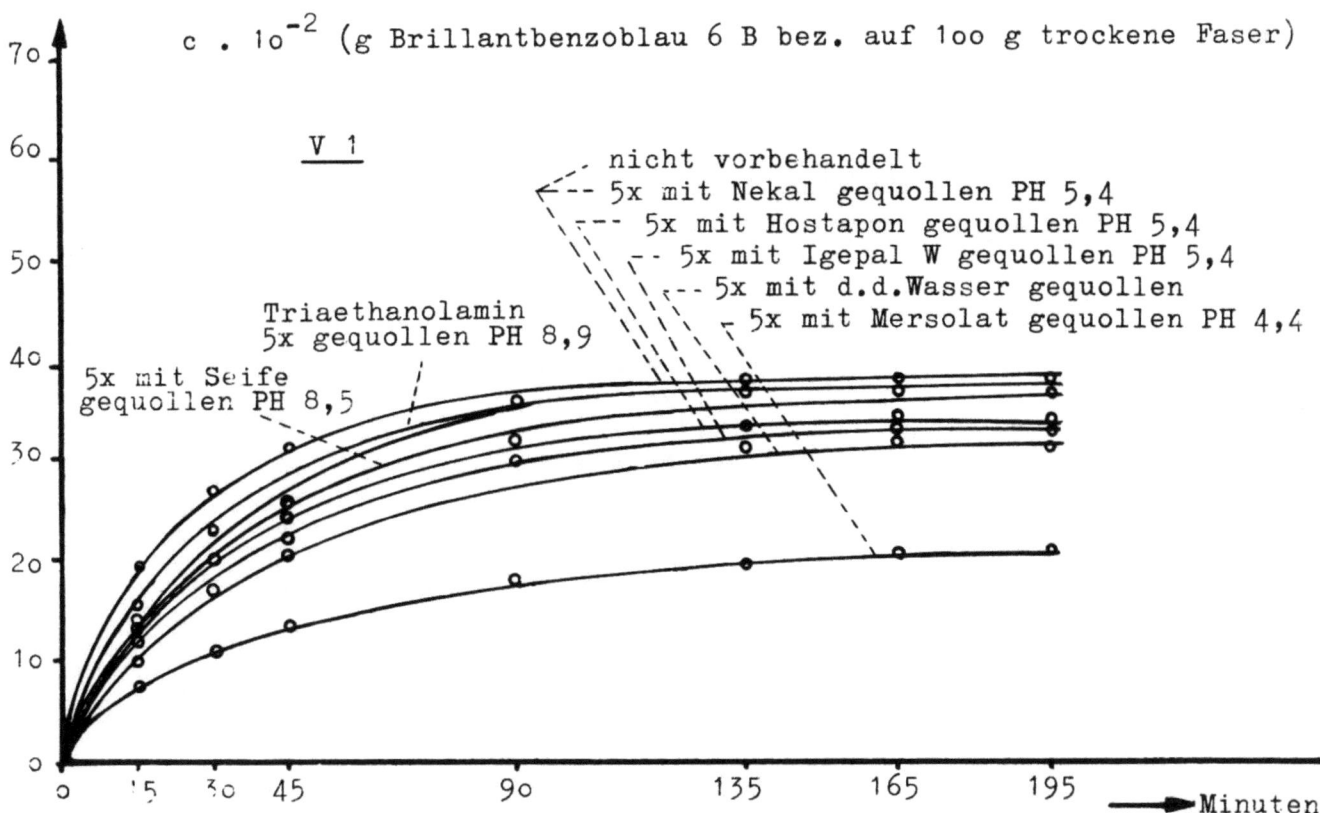

Abbildung 7

V 1: FZ-Linien nach verschiedenen Trocknungsprozessen

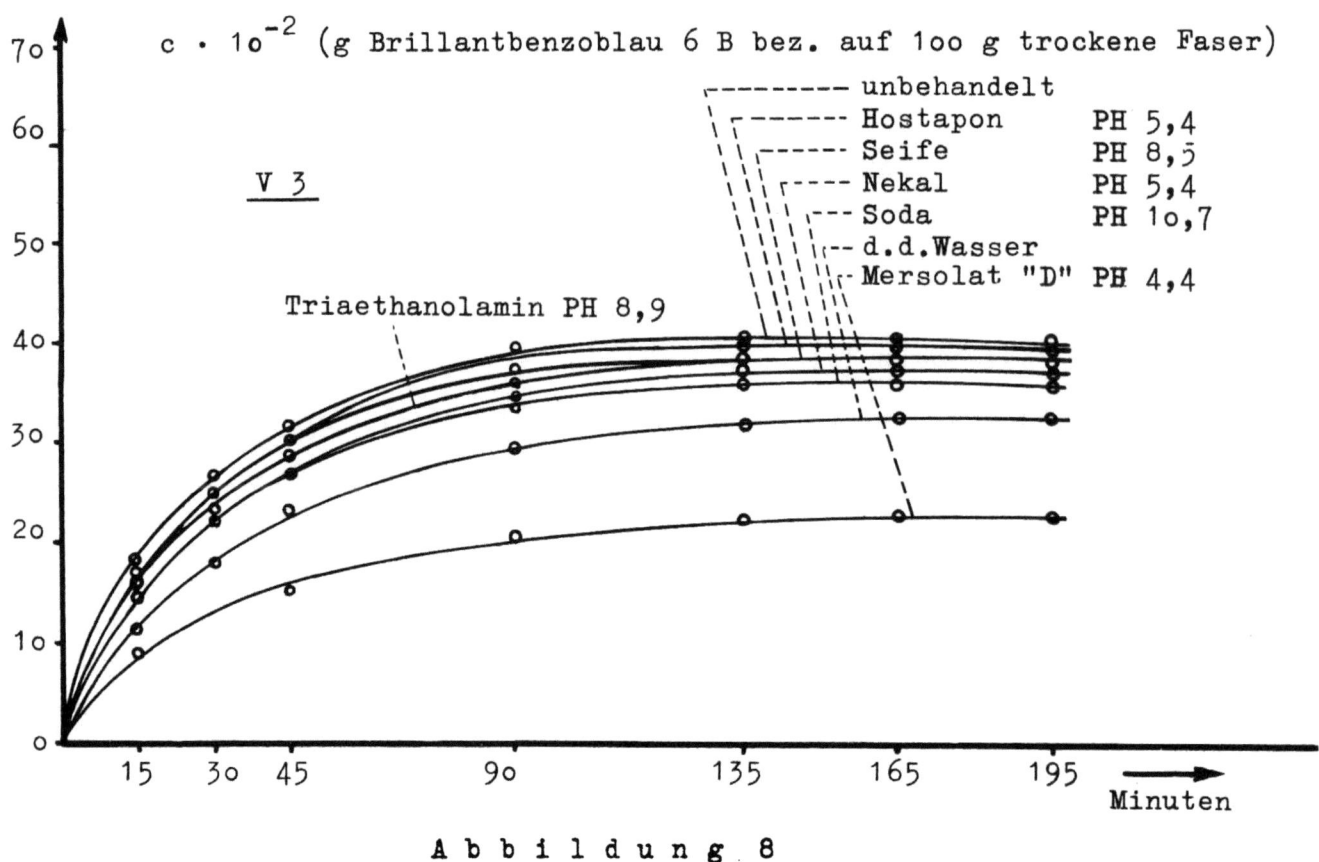

Abbildung 8

V 3: FZ-Linien nach verschiedenen Trocknungsprozessen

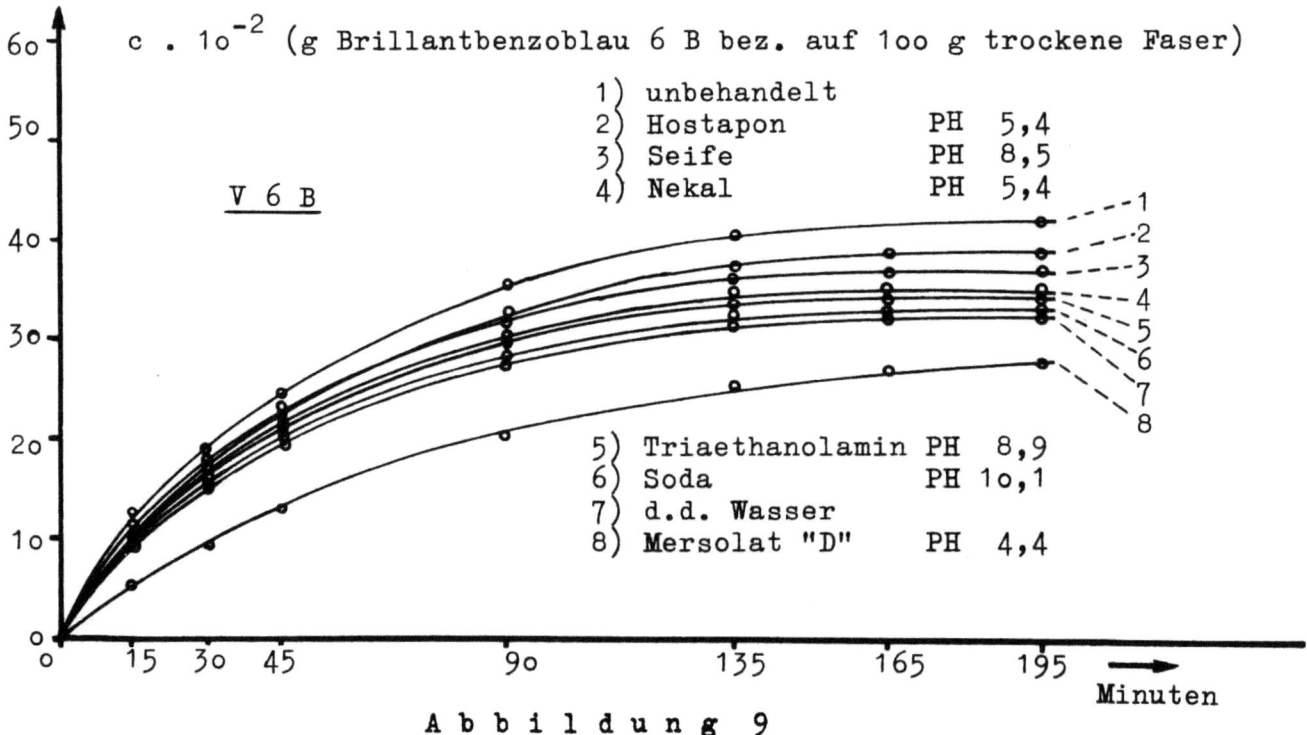

Abbildung 9

V 6b: FZ-Linien nach verschiedenen Trocknungsprozessen

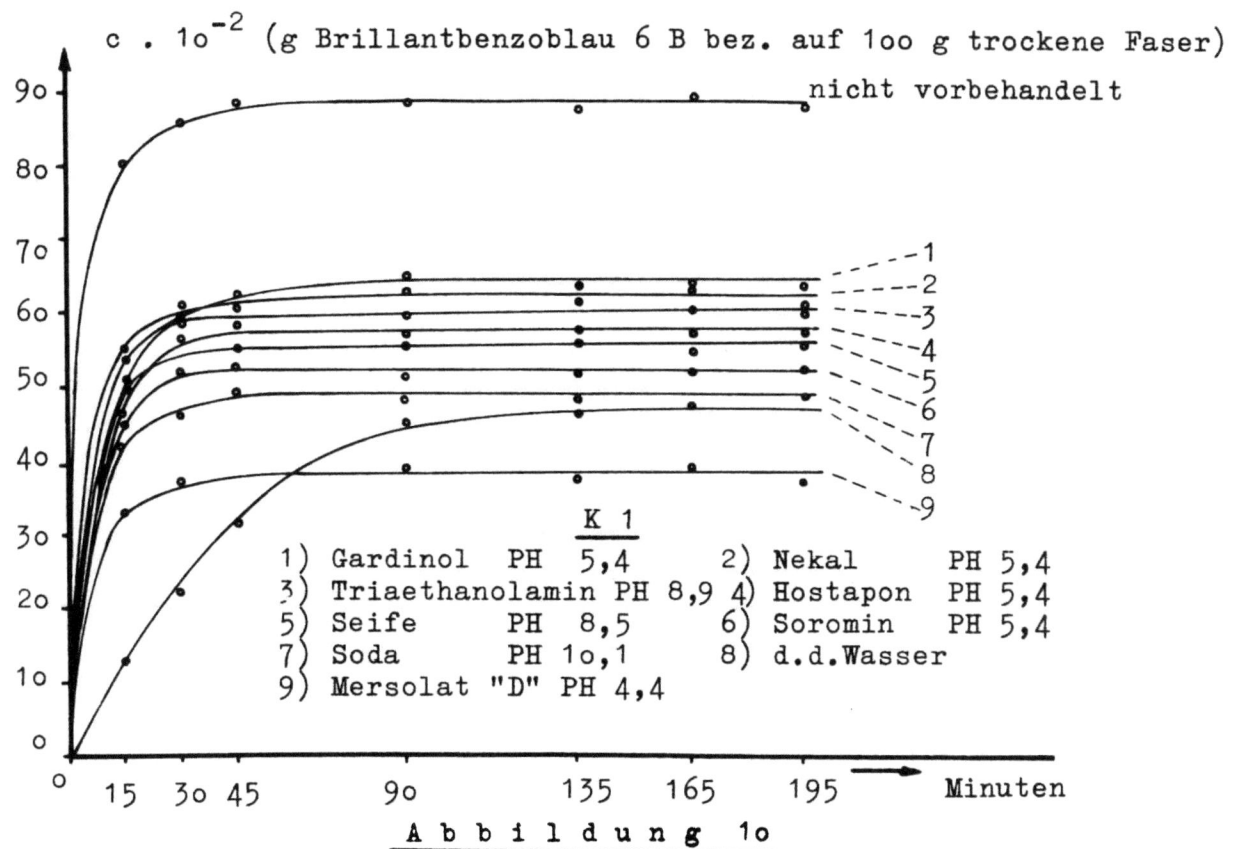

Abbildung 10

K 1: FZ-Linien nach verschiedenen Trocknungsprozessen

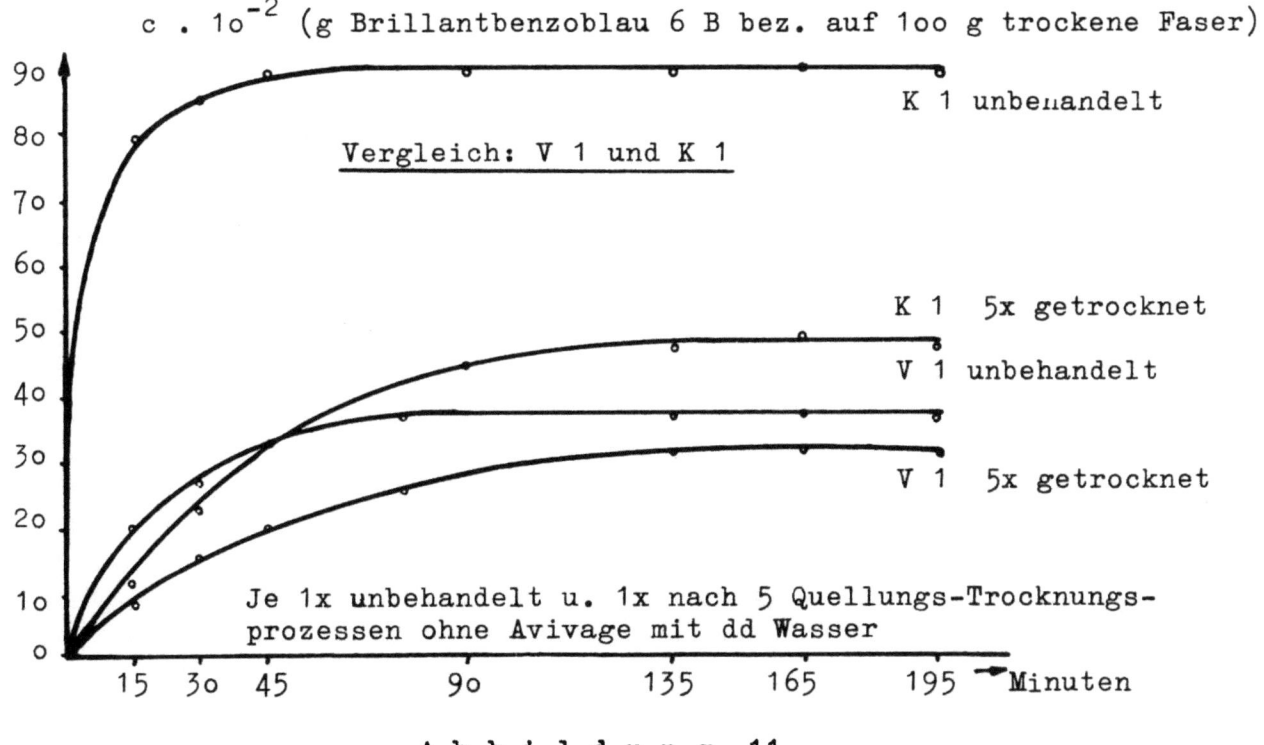

Abbildung 11

V 1 und K 1: Vergleich der FZ-Linien vor und nach 5 maliger Quellung und 4 maliger Trocknung bei $105°$ C

Wesentlich ist ferne die bereits mehrfach erwähnte Tatsache, daß die Herabsetzung des Anfärbevermögens bei Kupferreyon unverhältnismäßig viel grösser ist als bei Viskosereyon. Daher ist auch bei Kupferreyon die Wirkung von Nekal, das die Veränderung des Anfärbevermögens bei Trocknungsprozessen wesentlich abbremst, besonders in die Augen fallend.

Tabelle 11
Verminderung von Farbstoffaufnahme und Quellung

Viskosereyon

	% Verm. Farbstoffaufnahme			% Verm. Quellung		
	V 1	V 3	V 6b	V 1	V 3	V 6b
Gardinol	-	1	-	-	16	21
Hostapon	8	1	8	12	11	16
Seife	1	6	11	19	16	25
Nekal	o	7	15	15	16	20
Soromin	-	7	-	-	22	23
Triäthanolamin	-	7	17	14	15	25
Soda	-	1o	21	-	66	23
<u>dd-Wasser</u>	<u>16</u>	<u>18</u>	<u>22</u>	<u>15</u>	<u>14</u>	<u>22</u>
Mersolat D	44	43	34	26	23	20

Kupferreyon

	% Verm. Farbstoffaufnahme	% Verm. Quellung
	K 1	K 1
Gardinol	27	14
Hostapon	28	11
Seife	31	22
Nekal	34	18
Soromin	36	19
Triäthanolamin	4o	26
Soda	44	16
<u>dd-Wasser</u>	<u>47</u>	<u>2o</u>
Mersolat D	52	24

Forschungsberichte des Wirtschafts- und Verkehrsministeriums Nordrhein-Westfalen

In Tabelle 11 sind die prozentualen Verminderungen der Farbstoffaufnahme für die verschiedenen Fasern aufgetragen und zwar für V 3 von kleineren zu großen Verminderungen fortschreitend. Man erkennt, daß für die Viskose- und Kupferfasern (wenn man vom sauren Mersolat D absieht) Soda und dd-Wasser die stärkste, Gardinol die schwächste Verminderung ergeben. Für die übrigen Hilfsmittel ist die Reihenfolge bei den 3 Viskosefasern etwa gleich; bei Kupferfasern ist die Reihenfolge aber deutlich anders.

Neben diesen Werten sind in Tabelle 11 auch die zugehörigen prozentualen Verminderungen des Quellvermögens zusammengestellt. Man erkennt, wie verhältnismäßig gering die Schwankung bei den Quellungsverminderungen im Vergleich zur Herabsetzung des Färbevermögens ist. Ein Zusammenhang zwischen Quellungs- und Anfärbeverminderung ist höchstens darin zu erkennen, daß den größten Quellungsverminderungen bei V 6b auch die größten Verminderungen der Farbstoffaufnahme bei derselben Faser entsprechen. Die entsprechenden Verminderungen der Farbstoffaufnahme bei Kupferreyon sind, wie bereits mehrfach erwähnt, unverhältnismäßig viel größer.

Insgesamt kann man als bisheriges Ergebnis dieses Teils der Versuche feststellen, daß zwar in den großen Zusammenhängen eine Beziehung zwischen Quellung und Farbstoffaufnahme besteht, daß aber außerdem die Faserstruktur und wohl auch noch andere, bisher unbekannte Faktoren eine Rolle spielen.

VIII. Veränderung der Farbstoffaufnahme nach einem Dämpfprozeß

Über die Wirkung des Dämpfens auf die Farbstoffaufnahme sind genaue Versuche kaum bekannt geworden, trotzdem gerade das Dämpfen eine häufig angewandte Operation ist.

Daß die Wirkungen des Dämpfens sich von denen des gewöhnlichen Trocknens unterscheiden dürften, ist einmal nach den oben behandelten Veränderungen des Quellvermögens bei Trocknung in verschiedenen relativen Luftfeuchtigkeiten zu erwarten; hier wurde gezeigt, daß die Quellwertverminderung bei Trocknung in hoher relativer Luftfeuchtigkeit am größten ist. Weiterhin ist aber zu überlegen, daß bei mehrfach wiederholter Quellung und Trocknung die Einwirkung viel intensiver ist als bei einem oft nur nach Minuten zählenden einmaligen Dämpfen.

Für diese Versuche haben wir die Muster V 6 b und K 1 verwendet. Sie wurden in einer kleinen Dämpfvorrichtung (mit Sumpf) bis zu 9o Min. gedämpft. Die Proben sind folgendermaßen bezeichnet:

    I   unbehandelt

    II 1o Min. gedämpft. Danach Quellungsmessung und 4 Std. bei 8o°C im Vakuum getrocknet.

    III 2o Min. gedämpft. Sonst wie II.

    IV 3o Min. gedämpft. Sonst wie II.

    V 4o Min. gedämpft. Sonst wie II.

    VI 5o Min. gedämpft. Sonst wie II.

    VII 9o Min. gedämpft. Sonst wie II.

Die Ergebnisse zeigen Abb. 12 und 13. Man erkennt, daß die Dämpfung von 1o Min. praktisch ohne Einfluß auf die Färbung ist, daß dann aber mit zunehmender Einwirkungszeit des Dampfes die Farbstoffaufnahme stark absinkt.

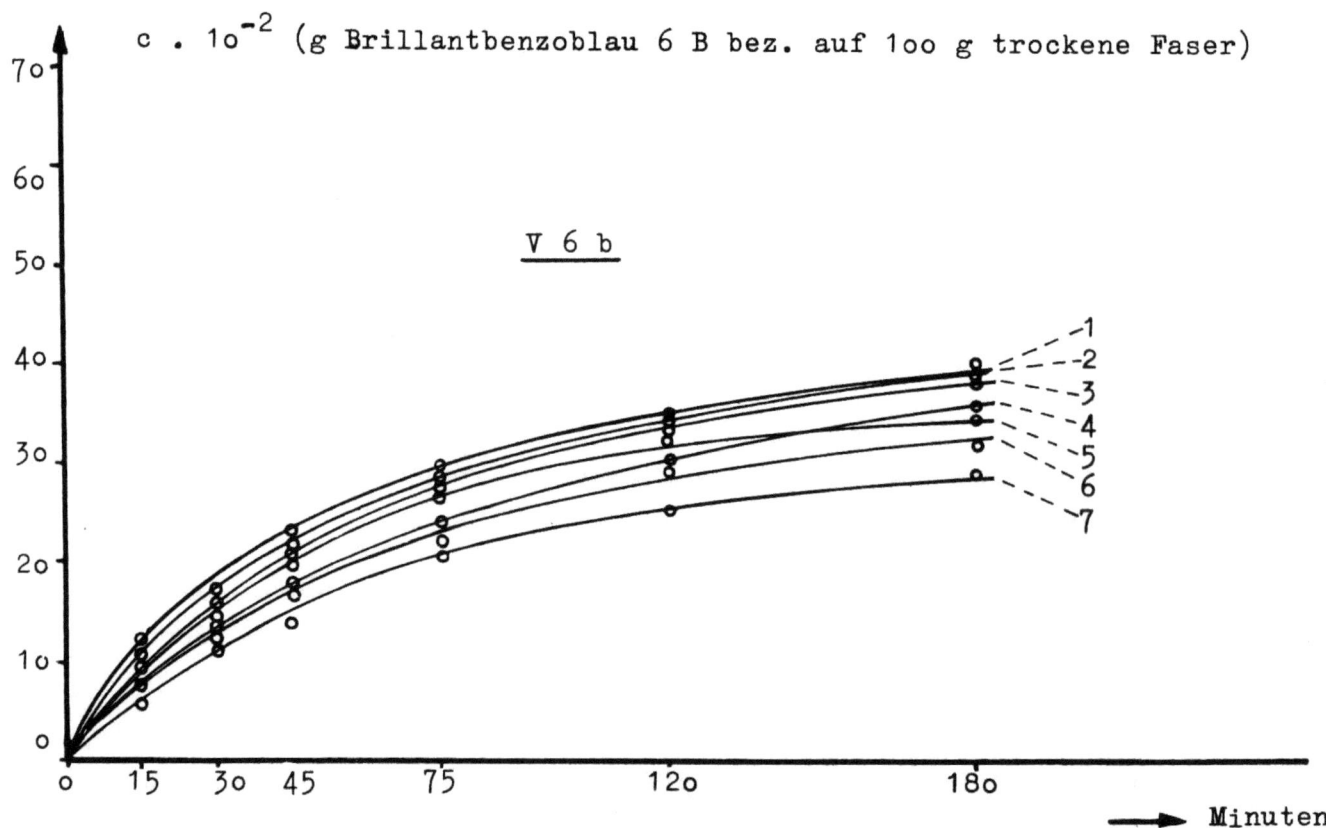

Abbildung 12

V 6b: FZ-Linien nach verschiedenen Dämpfzeiten

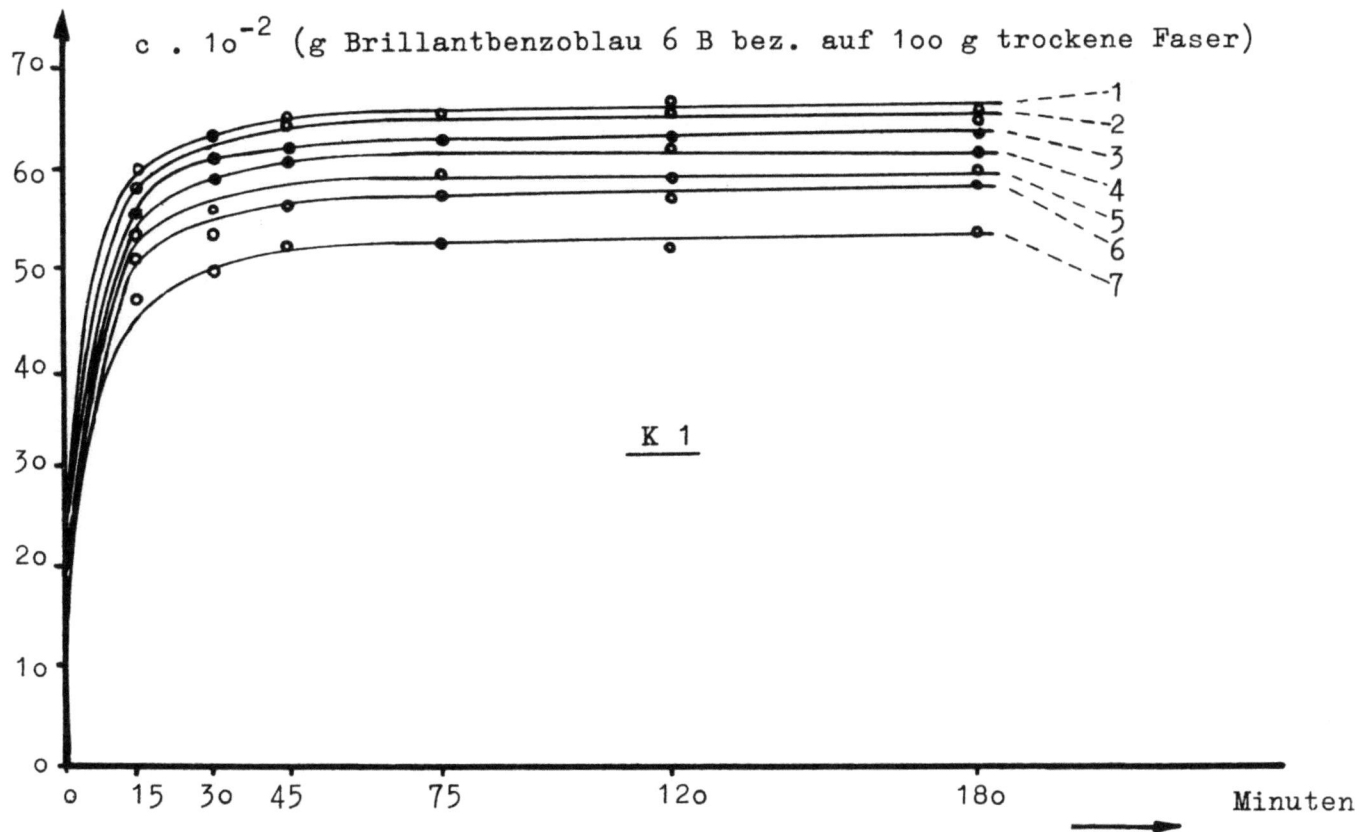

Abbildung 13

K 1: FZ-Linien nach verschiedenen Dämpfzeiten

Einen sehr instruktiven Vergleich erhält man, wenn z.B. für eine Färbedauer von 75 Min. die prozentuale Verminderung der Farbstoffaufnahme für die verschiedenen Dämpfzeiten ausrechnet (Tabelle 12).

Abb. 14 zeigt die graphische Darstellung der prozentualen Verminderung der Farbstoffaufnahme in Abhängigkeit von der Dämpfdauer.

Erstaunlicherweise ergibt sich hieraus, daß gegenüber der wiederholten Quellung und Trocknung, wo die Kupferfaser eine weit größere Verringerung der Farbstoffaufnahme erfuhr (51,6 % bei 75' Färbedauer) als die Viskosefaser (27,8 % bei 75' Färbedauer), demgegenüber beim Dämpfen der prozentuale Rückgang bei Viskose erheblich höher ist als bei Kupferfaser.

Diese Umkehr des ganzen Effektes erklärt sich daraus, daß die absolute Verminderung der Farbstoffaufnahme für Kupferreyon nach dem Dämpfen viel

Tabelle 12

Absolute und prozentuale Verminderung der Farbstoffaufnahme nach verschiedenen Dämpfzeiten bei 75 Min. Färbedauer

mg Farbstoff je 1oo g Faser

		Dämpfzeit					
	unbeh.	1o'	2o'	3o'	4o'	5o'	9o'
V 6 b	3o	29	28	27	24,5	23	21
K 1	65	66	63,5	62	6o	58	53,5

		Prozentuale Verminderung					
V 6 b	-	3,4	6,7	1o,o	18,4	23,4	3o,o
K 1	-	0	2,3	4,6	7,7	1o,4	17,7

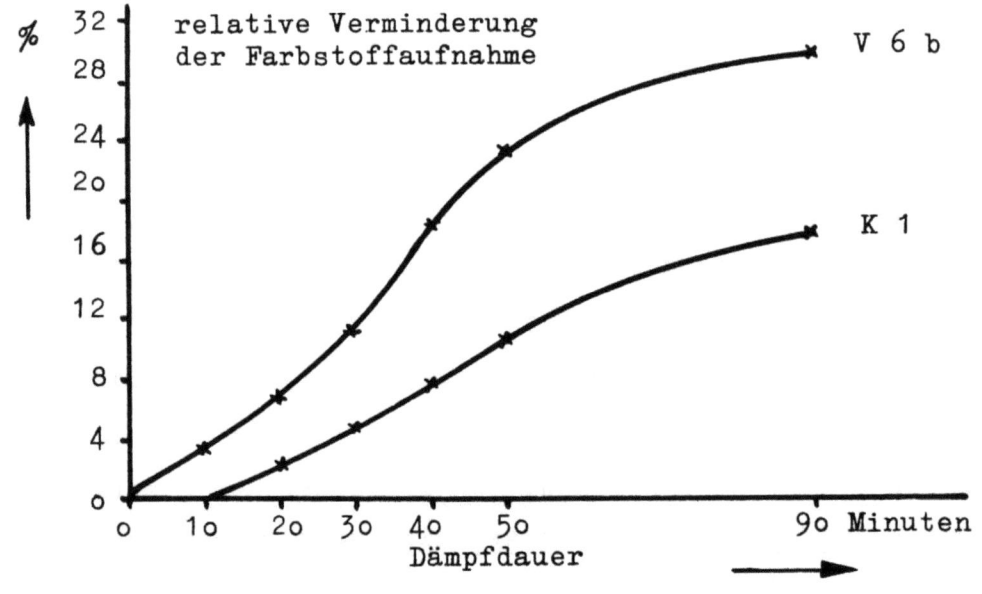

Abbildung 14

Prozentuale Verminderung der Farbstoffaufnahme in Abhängigkeit von der Dämpfdauer bei 75' Färbedauer

geringer ist als nach wiederholter Quellung. Bei der hohen Gesamtaufnahme der Kupferfaser vermindern sich deshalb die relativen Werte stark. Bei der Viskose dagegen ist die absolute Verminderung durch das Dämpfen eher etwas größer als nach wiederholter Quellung, die absolute Farbstoffaufnahme dagegen bekanntlich viel niedriger als bei Kupferreyon. Deshalb für Viskose der starke Anstieg der rel. Verminderung nach dem Dämpfen.

Auf jeden Fall stellt man fest, daß Dämpfen färberisch wesentlich anders wirkt als wiederholte Quellungen und Trocknung. Hinter dieser feinen Differenzierung, die u.W. bis jetzt völlig unbeachtet geblieben war, liegen für die Praxis sehr wichtige Hinweise verborgen. Ein Färbeversuch, bei dem wir Kupferreyon im Strang gedämpft und es dann neben ungedämpften Kupferreyon in eine Viskosekette eingeschossen und im Stück gefärbt hatten, ergab schon vor Durchführung unserer Messung zu unserer Verwunderung einen viel geringeren Farbänderungseffekt, als wir ihn nach den früheren Trocknungsversuchen erwartet hatten.

Vergleicht man schließlich noch die auftretenden Verminderungen der Farbaufnahme mit der Verringerung der Quellwerte beim Dämpfen, dann zeigt sich, daß die Quellung gerade in den ersten 10 Dämpfminuten den stärksten Rückgang von etwa 10 % zeigt, während der sich ständig verringernden Farbstoffaufnahme bei weiterem Dämpfen nur noch eine geringe weitere Quellwertsverringerung gegenübersteht.

Tabelle 13 zeigt diese Quellwerte nach dem Dämpfen.

Tabelle 13
Quellwerte nach verschiedenen Dämpfzeiten
Trocknung im Vakuum 4 Std. bei 80°C

	\multicolumn{7}{c}{Dämpfzeiten}
	0	10'	20'	30'	40'	50'	90'
V 6 b	98,5	88,8	85,4	89,8	86,4	78,9	81,5
K 1	98,4	87,5	86,3	89,0	87,6	86,4	83,5

Zusammenfassung

1. Alle bisher untersuchten Fasern (Baumwolle, Viskose- und Kupferreyon, Wolle) erleiden bei wiederholter Quellung und Trocknung eine mehr oder minder starke Herabsetzung der Quellwerte für die "Naßquellung".

2. Die Größe dieser Quellwertsverminderung läßt sich durch Zugabe verschiedener Textilhilfsmittel variieren.

3. Auch durch Variierung der Trocknungsbedingungen, insbesondere der Trocknungszeiten, wird die Quellwertsverminderung stark beeinflußt.

4. Trocknung im Vakuum bei 40°C während 4 Stunden verursacht die geringsten Änderungen.

5. Bei der Behandlung von Geweben werden ähnliche Ergebnisse erzielt. Bei Temperaturen von 105°C und darüber nimmt bei einer stärkeren Spannung der Fäden die Quellung weiter ab.

6. Die unter 1. bis 5. aufgezählten Wirkungen sind unter gewöhnlichen Arbeitsbedingungen, z.B. durch einstündiges Kochen in Wasser oder 4 g/l Sodalösung nicht umkehrbar.

7. Der Einfluß der rel. Luftfeuchtigkeit während des Trockenprozesses ist groß. Bei 85 % relativ ist unter sonst gleichen Bedingungen (105°C) die Quellwertsverminderung erheblich größer als in absolut trockener Luft, während der Wassergehalt der Fasern naturgemäß mit steigender Luftfeuchtigkeit ständig zunimmt.

8. Demgegenüber verläuft die Trocknung in trockener Luft schneller als bei 85 % rel.

9. Die "Trockenquellung" in feuchter Luft wird durch die genannten Trocknungsprozesse zwar meßbar, aber doch nur geringfügig innerhalb etwa 1 % herabgesetzt. Hieraus ergibt sich, daß es unmöglich ist, aus dem Feuchtigkeitsgehalt einer den Trockner verlassenden Ware auf ihre Änderung der Naßquellung zu schließen.

10. Die Stärke des Abbaus bei Trocknungsvorgängen ist von der Art der Behandlung abhängig. Bei Trocknung im Vakuum bei 40°C tritt praktisch kein Abbau auf, bei längerem Verweilen in höheren Temperaturen ist er erheblich. Die Quellwertsverminderung verläuft aber bei nicht zu schweren Bedingungen mit dem Abbau keinesfalls parallel.

11. Mit den Quellwertsverminderungen laufen starke Rückgänge der Farbstoffaufnahme parallel. Diese sind am stärksten bei Kupferfaser nach wiederholter Quellung und Trocknung. Man kann diese färberischen Veränderungen durch mehrfaches Aufspritzen von Wasser auf dieselbe Stelle mit dazwischenliegender Trocknung bei $105°$ C und darauffolgendes Anfärben sehr deutlich sichtbar machen. Die Unterschiede können mit gewöhnlichen Mitteln nicht mehr beseitigt werden.

12. Dämpfprozesse bewirken in kurzen Zeiten (1o') fast keine färberischen Veränderungen, dagegen in den kürzeren Zeiten etwa 1o % Verminderung der Quellwerte. Nach längerem Dämpfen starke Verringerung der Farbstoffaufnahme bei nahezu unveränderter Quellung.

    Praktisch gesehen wird durch wiederholte Quellung und Trocknung die Kupferfaser, durch längeres Dämpfen die Viskosefaser färberisch stärker beeinflußt.

Diese Ergebnisse zeigen - zunächst auf rein empirischer Grundlage - welche komplizierten Zusammenhänge sich hier erkennen lassen. Es wird Aufgabe der weiteren Untersuchungen sein, einige der hier beschriebenen Effekte mit den verfügbaren wissenschaftlichen Hilfsmitteln aufs eingehendste zu studieren, um dadurch allmählich eine zuverlässige Theorie der Trocknungsvorgänge in enger Zusammenarbeit mit der Praxis herauszuarbeiten.

Berichterstatter: Prof. Dr. W. WELTZIEN, Textilforschungsanstalt
                     Krefeld

Mitarbeiter   :   GRETL HABERZETTL, MARGA CLAESSEN, INGEBORG BIDI,
                     GERT HAUSCHILD, OSKAR POLHAUS

FORSCHUNGSBERICHTE
DES WIRTSCHAFTS- UND VERKEHRSMINISTERIUMS
NORDRHEIN-WESTFALEN

Herausgegeben von Ministerialdirektor Prof. Leo Brandt

Heft 1:
Prof. Dr.-Ing. Eugen Flegler, Aachen,
Untersuchungen oxydischer Ferromagnet-Werkstoffe

Heft 2:
Prof. Dr. phil. Walter Fuchs, Aachen,
Untersuchungen über absatzfreie Teeröle

Heft 3:
Techn.-Wissenschaftl. Büro für die Bastfaserindustrie, Bielefeld,
Untersuchungsarbeiten zur Verbesserung des Leinenwebstuhls

Heft 4:
Prof. Dr. E. A. Müller u. Dipl.-Ing. H. Spitzer, Dortmund,
Untersuchungen über die Hitzebelastung in Hüttenbetrieben

Heft 5:
Dipl.-Ing. Werner Fister, Aachen,
Prüfstand der Turbinenuntersuchungen

Heft 6:
Prof. Dr. phil. Walter Fuchs, Aachen,
Untersuchungen über die Zusammensetzung und Verwendbarkeit von Schwelteerfraktionen

Heft 7:
Prof. Dr. phil. Walter Fuchs, Aachen,
Untersuchungen über emsländisches Petrolatum

Heft 8:
Maria Elisabeth Meffert und Heinz Stratmann, Essen
Algen-Großkulturen im Sommer 1951

Heft 9:
Techn.-Wissenschaftl. Büro für die Bastfaserindustrie, Bielefeld,
Untersuchungen über die zweckmäßige Wicklungsart von Leinengarnkreuzspulen unter Berücksichtigung der Anwendung hoher Geschwindigkeiten des Garnes
Vorversuche für Zetteln und Schären von Leinengarnen auf Hochleistungsmaschinen

Heft 10:
Prof. Dr. Wilhelm Vogel, Köln,
„Das Streifenpaar" als neues System zur mechanischen Vergrößerung kleiner Verschiebungen und seine technischen Anwendungsmöglichkeiten

Heft 11:
Laboratorium für Werkzeugmaschinen und Betriebslehre, Technische Hochschule Aachen,
1. Untersuchungen über Metallbearbeitung im Fräsvorgang mit Hartmetallwerkzeugen und negativem Spanwinkel
2. Weiterentwicklung des Schleifverfahrens für die Herstellung von Präzisionswerkstücken unter Vermeidung hoher Temperaturen
3. Untersuchung von Oberflächenveredlungsverfahren zur Steigerung der Belastbarkeit hochbeanspruchter Bauteile

Heft 12:
Elektrowärme-Institut, Langenberg (Rhld.),
Induktive Erwärmung mit Netzfrequenz

Heft 13:
Techn.-Wissenschaftl. Büro für die Bastfaserindustrie, Bielefeld,
Das Naßspinnen von Bastfasergarnen mit chemischen Zusätzen zum Spinnbad

Heft 14:
Forschungsstelle für Acetylen, Dortmund,
Untersuchungen über Aceton als Lösungsmittel für Acetylen

Heft 15:
Wäschereiforschung Krefeld,
Trocknen von Wäschestoffen

Heft 16:
Max-Planck-Institut für Kohlenforschung, Mülheim a. d. Ruhr,
Arbeiten des MPI für Kohlenforschung

Heft 17:
Ingenieurbüro Herbert Stein, M. Gladbach,
Untersuchung der Verzugsvorgänge in den Streckwerken verschiedener Spinnereimaschinen. 1. Bericht: Vergleichende Prüfung mit verschiedenen Dickenmeßgeräten

Heft 18:
Wäschereiforschung Krefeld,
Grundlagen zur Erfassung der chemischen Schädigung beim Waschen

Heft 19:
Techn.-Wissenschaftl. Büro für die Bastfaserindustrie, Bielefeld,
Die Auswirkung des Schlichtens von Leinengarnketten auf den Verarbeitungswirkungsgrad, sowie die Festigkeits- und Dehnungsverhältnisse der Garne und Gewebe

Heft 20:
Techn.-Wissenschaftl. Büro für die Bastfaserindustrie, Bielefeld,
Trocknung von Leinengarnen I
Vorgang und Einwirkung auf die Garnqualität

Heft 21:
Techn.-Wissenschaftl. Büro für die Bastfaserindustrie, Bielefeld,
Trocknung von Leinengarnen II
Spulenanordnung und Luftführung beim Trocknen von Kreuzspulen

Heft 22:
Techn.-Wissenschaftl. Büro für die Bastfaserindustrie, Bielefeld,
Die Reparaturanfälligkeit von Webstühlen

Heft 23:
Institut für Starkstromtechnik, Aachen,
Rechnerische und experimentelle Untersuchungen zur Kenntnis der Metadyne als Umformer von konstanter Spannung auf konstanten Strom

Heft 24:
Institut für Starkstromtechnik, Aachen,
Vergleich verschiedener Generator-Metadyne-Schaltungen in bezug auf statisches Verhalten

Heft 25:
Gesellschaft für Kohlentechnik mbH., Dortmund-Eving,
Struktur der Steinkohlen und Steinkohlen-Kokse

Heft 26:
Techn.-Wissenschaftl. Büro für die Bastfaserindustrie, Bielefeld,
Vergleichende Untersuchungen zweier neuzeitlicher Ungleichmäßigkeitsprüfer für Bänder und Garne hinsichtlich ihrer Eignung für die Bastfaserspinnerei

Heft 27:
Prof. Dr. E. Schratz, Münster,
Untersuchungen zur Rentabilität des Arzneipflanzenanbaues
Römische Kamille, Anthemis nobilis L.

Heft: 28:
Prof. Dr. E. Schratz, Münster,
Calendula officinalis L.
Studien zur Ernährung, Blütenfüllung und Rentabilität der Drogengewinnung

Heft 29:
Techn.-Wissenschaftl. Büro für die Bastfaserindustrie, Bielefeld,
Die Ausnützung der Leinengarne in Geweben

Heft 30:
Gesellschaft für Kohlentechnik mbH., Dortmund-Eving,
Kombinierte Entaschung und Verschwelung von Steinkohle; Aufarbeitung von Steinkohlenschlämmen zu verkokbarer oder verschwelbarer Kohle

Heft 31:
Dipl.-Ing. Störmann, Essen,
Messung des Leistungsbedarfs von Doppelsteg-Kettenförderern

VERÖFFENTLICHUNGEN DER ARBEITSGEMEINSCHAFT FÜR FORSCHUNG DES LANDES NORDRHEIN-WESTFALEN

Im Auftrage des Ministerpräsidenten Karl Arnold
Herausgegeben von Ministerialdirektor Prof. Leo Brandt

Heft 1:
Prof. Dr.-Ing. Friedrich Seewald, Technische Hochschule Aachen,
Neue Entwicklungen auf dem Gebiete der Antriebsmaschinen
Prof. Dr.-Ing. Friedrich A. F. Schmidt, Technische Hochschule Aachen,
Technischer Stand und Zukunftsaussichten der Verbrennungsmaschinen, insbesondere der Gasturbinen
Dr.-Ing. R. Friedrich, Siemens-Schuckert-Werke A.-G., Mülheimer Werk,
Möglichkeiten und Voraussetzungen der industriellen Verwertung der Gasturbine

Heft 2:
Prof. Dr.-Ing. Wolfgang Riezler, Universität Bonn,
Probleme der Kernphysik
Prof. Dr. phil. Fritz Micheel, Universität Münster,
Isotope als Forschungsmittel in der Chemie und Biochemie

Heft 3:
Prof. Dr. med. Emil Lehnartz, Universität Münster,
Der Chemismus der Muskelmaschine
Prof. Dr. med. Gunther Lehmann, Direktor des Max-Planck-Instituts für Arbeitsphysiologie, Dortmund,
Physiologische Forschung als Voraussetzung der Bestgestaltung der menschlichen Arbeit
Prof. Dr. Heinrich Kraut, Max-Planck-Institut für Arbeitsphysiologie, Dortmund,
Ernährung und Leistungsfähigkeit

Heft 4:
Prof. Dr. Franz Wever, Max-Planck-Institut für Eisenforschung, Düsseldorf,
Aufgaben der Eisenforschung
Prof. Dr.-Ing. Hermann Schenck, Technische Hochschule Aachen,
Entwicklungslinien des deutschen Eisenhüttenwesens
Prof. Dr.-Ing. Max Haas, Techn. Hochschule Aachen,
Wirtschaftliche und technische Bedeutung der Leichtmetalle und ihre Entwicklungsmöglichkeiten

Heft 5:
Prof. Dr. med. Walter Kikuth, Medizinische Akademie Düsseldorf,
Virusforschung
Prof. Dr. Rolf Danneel, Universität Bonn,
Fortschritte der Krebsforschung
Prof. Dr. med. Dr. phil. W. Schulemann, Univ. Bonn,
Wirtschaftliche und organisatorische Gesichtspunkte für die Verbesserung unserer Hochschulforschung

Heft 6:
Prof. Dr. Walter Weizel, Institut für theoretische Physik, Bonn,
Die gegenwärtige Situation der Grundlagenforschung in der Physik
Prof. Dr. Siegfried Strugger, Universität Münster,
Das Duplikantenproblem in der Biologie
Prof. Dr. Rolf Danneel, Universität Bonn,
Über das Verhalten der Mitochondrien bei der Mitose der Mesenchymzellen des Hühner-Embryos
Direktor Dr. Fritz Gummert, Ruhrgas A.-G., Essen,
Überlegungen zu den Faktoren Raum und Zeit im biologischen Geschehen und Möglichkeiten einer Nutzanwendung

Heft 7:
Prof. Dr.-Ing. August Götte, Technische Hochschule Aachen,
Steinkohle als Rohstoff und Energiequelle
Prof. Dr. e. h. Karl Ziegler, Max-Planck-Institut für Kohlenforschung Mülheim a. d. Ruhr,
Über Arbeiten des Max-Planck-Instituts für Kohlenforschung

Heft 8:
Prof. Dr.-Ing. Wilhelm Fucks, Technische Hochschule Aachen,
Die Naturwissenschaft, die Technik und der Mensch
Prof. Dr. sc. pol. Walther Hoffmann, Universität Münster,
Wirtschaftliche und soziologische Probleme des technischen Fortschritts

Heft 9:
Prof. Dr.-Ing. Franz Bollenrath, Technische Hochschule Aachen,
Zur Entwicklung warmfester Werkstoffe
Dr. Heinrich Kaiser, Staatl. Materialprüfungsamt Dortmund,
Stand spektralanalytischer Prüfverfahren und Folgerung für deutsche Verhältnisse

Heft 10:
Prof. Dr. Hans Braun, Universität Bonn,
Möglichkeiten und Grenzen der Resistenzzüchtung
Prof. Dr.-Ing. Carl Heinrich Dencker, Universität Bonn,
Der Weg der Landwirtschaft von der Energieautarkie zur Fremdenergie

Heft 11:
Prof. Dr.-Ing. Herwart Opitz, Technische Hochschule Aachen,
Entwicklungslinien der Fertigungstechnik in der Metallbearbeitung
Prof. Dr.-Ing. Karl Krekeler, Technische Hochschule Aachen,
Stand und Aussichten der schweißtechnischen Fertigungsverfahren

Heft: 12
Dr. Hermann Rathert, Mitglied des Vorstandes der Vereinigten Glanzstoff-Fabriken A.-G., Wuppertal-Elberfeld,
Entwicklung auf dem Gebiet der Chemiefaser-Herstellung
Prof. Dr. Wilhelm Weltzien, Direktor der Textilforschungsanstalt Krefeld,
Rohstoff und Veredlung in der Textilwirtschaft

Heft: 13
Dr.-Ing. e. h. Karl Herz, Chefingenieur im Bundesministerium für das Post- und Fernmeldewesen Frankfurt a. Main,
Die technischen Entwicklungstendenzen im elektrischen Nachrichtenwesen
Ministerialdirektor Dipl.-Ing. Leo Brandt, Düsseldorf,
Navigation und Luftsicherung

Heft 14:
Prof. Dr. Burckhardt Helferich, Universität Bonn,
Stand der Enzymchemie und ihre Bedeutung
Prof. Dr. med. Hugo W. Knipping, Direktor der Med. Universitätsklinik Köln,
Ausschnitt aus der klinischen Carcinomforschung am Beispiel des Lungenkrebses

Heft 15:
Prof. Dr. Abraham Esau, Technische Hochschule Aachen,
Die Bedeutung von Wellenimpulsverfahren in Technik und Natur
Prof. Dr.-Ing. Eugen Flegler, Technische Hochschule Aachen,
Die ferromagnetischen Werkstoffe in der Elektrotechnik und ihre neueste Entwicklung

Heft 16:
Prof. Dr. rer. pol. Rudolf Seyffert, Universität Köln,
Die Problematik der Distribution
Prof. Dr. rer. pol. Theodor Beste, Universität Köln,
Der Leistungslohn

Heft 17:
Prof. Dr.-Ing. Friedrich Seewald, Technische Hochschule Aachen,
Die Flugtechnik und ihre Bedeutung für den allgemeinen technischen Fortschritt
Prof. Dr.-Ing. Edouard Houdremont, Essen,
Art und Organisation der Forschung in einem Industriekonzern

Heft 18:
Prof. Dr. med. Dr. phil. W. Schulemann, Universität Bonn,
Theorie und Praxis pharmakologischer Forschung
Prof. Dr. Wilhelm Groth, Direktor des Physikalisch-Chemischen Instituts, Universität Bonn,
Technische Verfahren zur Isotopentrennung

Heft 19:
Dipl.-Ing. Kurt Traenckner, Stellvertr. Vorstandsmitglied der Ruhrgas-A.G., Essen,
Entwicklungstendenzen der Gaserzeugung

Heft 21:
Prof. Dr. phil. Robert Schwarz, Aachen,
Wesen und Bedeutung der Silicium-Chemie
Prof. Dr. Kurt Alder, Universität Köln,
Fortschritte in der Synthese von Kohlenstoffverbindungen

Heft 21 a
Jahresfeier der Arbeitsgemeinschaft für Forschung des Landes Nordrhein-Westfalen am 21.5.1952 in Düsseldorf mit Ansprachen des Herrn Bundespräsidenten Professor Dr. Theodor Heuss, des Herrn Ministerpräsidenten Arnold, Frau Kultusminister Teusch, der Herren Professor Dr. Hahn, Professor Dr. Strugger, Vizepräsident Dobbert, Professor Dr. Richter, Professor Dr. Fucks.

Heft 22:
Prof. Dr. Johannes von Allesch, Universität Göttingen,
Die Bedeutung der Psychologie im öffentlichen Leben
Prof. Dr. med. Otto Graf, Max-Planck-Institut für Arbeitsphysiologie, Dortmund,
Triebfedern menschlicher Leistung

Heft 23:
Prof. Dr. phil. Dr. jur. h. c. Bruno Kuske, Universität Köln,
Probleme der Raumforschung
Prof. Dr. Dr.-Ing. e. h. Prager,
Städtebau und Landesplanung

Heft 23 a:
M. Zvegintzov, Wissenschaftliche Forschung und die Auswertung ihrer Ergebnisse. Ziel und Tätigkeit der National Research Development Corporation
Dr. Alexander King, Department of Scientific & Industrial Research, London,
Wissenschaft und internationale Beziehungen

Heft 24:
Prof. Dr. Rolf Danneel, Universität Bonn,
Über die Wirkungsweise der Erbfaktoren
Prof. Dr. K. Herzog, Medizinische Akademie Düsseldorf,
Bewegungsbedarf der menschlichen Gliedmaßengelenke bei der Berufsarbeit

Heft 25:
Prof. Dr. O. Haxel, Heidelberg,
Energiegewinnung aus Kernprozessen
Dr. Dr. Max Wolf, Düsseldorf,
Gegenwartsprobleme der energiewirtschaftlichen Forschung

Heft 26:
Prof. Dr. Friedrich Becker, Universität Bonn,
Ultrakurzwellen aus dem Weltraum, ein neues Forschungsgebiet der Astronomie
Dozent Dr. H. Straßl, Bonn,
Bemerkenswerte Doppelsterne und das Problem der Sternentwicklung

Heft 27:
Prof. Dr. Heinrich Behnke, Universität Münster,
Der Strukturwandel der Mathematik in der ersten Hälfte des 20. Jahrhunderts
Prof. Dr. E. Sperner, Bonn,
Eine mathematische Analyse der Luftdruckverteilungen in großen Gebieten

Heft 28:
Prof. Dr. O. Niemczyk, Aachen,
Die Problematik gebirgsmechanischer Vorgänge im Steinkohlenbergbau
Prof. Dr. W. Ahrens, Krefeld,
Die Bedeutung geologischer Forschung für die Wirtschaft, besonders in Nordrhein-Westfalen

Heft 29:
Prof. Dr. B. Rensch, Münster,
Das Problem der Residuen bei Lernleistungen
Prof. Dr. H. Fink, Köln,
Über Leberschäden bei der Bestimmung des biologischen Wertes verschiedener Eiweiße von Mikroorganismen

Heft 30:
Prof. Dr.-Ing. F. Seewald, Aachen,
Forschungen auf dem Gebiete der Aerodynamik
Prof. Dr.-Ing. K. Leist, Aachen,
Forschungen in der Gasturbinentechnik

Geisteswissenschaften

Heft 1:
Prof. Dr. W. Richter, Bonn,
Die Bedeutung der Geisteswissenschaften für die Bildung unserer Zeit
Prof. Dr. J. Ritter, Münster,
Die aristotelische Lehre vom Ursprung und Sinn der Theorie

Heft 2:
Prof. Dr. J. Kroll, Köln,
Elysium
Prof. Dr. G. Jachmann, Köln,
Die vierte Ekloge Vergils

Heft 3:
Prof. Dr. H. E. Stier, Münster,
Die klassische Demokratie

Heft 4:
Prof. Dr. W. Caskel, Köln,
Lihjan und Lihjanisch. Sprache und Kultur eines früharabischen Königreiches

Heft 5:
Prof. Dr. Th. Ohm, Münster,
Stammesreligionen im südlichen Tanganyika-Territorium. — Religionswissenschaftliche Ergebnisse meiner Ostafrikareise 1951

Heft 6:
Prälat Prof. Dr. G. Schreiber, Münster,
Deutsche Wissenschaftspolitik von Bismarck bis zum Atomphysiker Otto Hahn

Heft 7:
Prof. Dr. W. Holtzmann, Bonn,
Das mittelalterliche Imperium und die werdenden Nationen

Heft 8:
Prof. Dr. W. Caskel, Köln,
Die Bedeutung der Beduinen in der Geschichte der Araber

Heft 9:
Prälat Prof. Dr. G. Schreiber, Münster,
Iroschottische und angelsächsische Kultureinflüsse im Mittelalter

Heft 10:
Prof. Dr. P. Rassow, Köln,
Forschungen zur Reichsidee im 16. und 17. Jahrhundert

Heft 11:
Prof. Dr. H. E. Stier, Münster,
Roms Aufstieg zur Weltherrschaft

Heft 12:
Prof. D. K. H. Rengstorf, Münster,
Zum Problem der Gleichberechtigung zwischen Mann und Frau auf dem Boden des Urchristentums
Prof. Dr. H. Conrad, Bonn,
Grundprobleme einer Reform des Familienrechts

Heft 13:
Professor Dr. Max Braubach, Bonn,
Der Weg zum 20. Juli 1944 — Ein Forschungsbericht

If you have any concerns about our products,
you can contact us on
ProductSafety@springernature.com
In case Publisher is established outside the EU,
the EU authorized representative is:
**Springer Nature Customer Service Center GmbH
Europaplatz 3, 69115 Heidelberg, Germany**
Printed by Libri Plureos GmbH
in Hamburg, Germany